SAMMLUNG GÖSCHEN BAND 143

DARSTELLENDE GEOMETRIE

II

KÖRPER MIT KRUMMEN BEGRENZUNGSFLÄCHEN
KOTIERTE PROJEKTIONEN

von

DR. WOLFGANG HAACK
o. Professor an der Technischen Universität Berlin

Vierte, durchgesehene Auflage

Mit 86 Abbildungen

WALTER DE GRUYTER & CO.
vormals G. J. Göschen'sche Verlagshandlung · J. Guttentag,
Verlagsbuchhandlung · Georg Reimer · Karl J. Trübner · Veit & Comp.
BERLIN 1965

Die Darstellung umfaßt folgende Bände:

Band I: Die wichtigsten Darstellungsmethoden. Grund- und Aufriß ebenflächiger Körper. (Sammlung Göschen 142.)

Band II: Körper mit krummen Begrenzungsflächen. Kotierte Projektionen. (Sammlung Göschen 143.)

Band III: Axonometrie und Perspektive. (Sammlung Göschen 144.)

 — Archiv-Nr. 7712645

Satz und Druck: Walter de Gruyter & Co., Berlin 30. — Printed in Germany.

Inhaltsverzeichnis

Aus dem Inhalt der weiteren Bände:

Band I (Samml. Göschen 142). Die wichtigsten Darstellungsmethoden. Grund- und Aufriß ebenflächiger Körper

I. Die wichtigsten Darstellungsmethoden
II. Punkte, Geraden, Ebenen
III. Schnittkonstruktionen von Ebenen und Geraden
IV. Ebenflächige Körper
V. Affinität

Band III (Samml. Göschen 144). Axonometrie und Perspektive

I. Axonometrie
II. Grundzüge der ebenen Perspektive
III. Elemente der angewandten Perspektive
IV. Perspektive von Kreisen
V. Schattenkonstruktion der Perspektive

Wie schon in der Einleitung zum I. Bändchen betont wurde, dient die Darstellende Geometrie vornehmlich dem Konstrukteur, um die geplanten Maschinenteile und Bauwerke darzustellen. Dazu ist notwendig, außer den Körpern, die von ebenen Flächenstücken begrenzt sind, auch solche mit krummen Begrenzungsflächen in den Projektionen zu beherrschen. In den ersten drei Kapiteln werden wir uns dieser Aufgabe widmen. Im letzten Kapitel wird das Verfahren der kotierten Projektionen beschrieben.

Von Körpern mit krummen Begrenzungsflächen behandeln wir im folgenden Drehzylinder, Drehkegel, Kugel und später Kreisringe und Schraubenflächen, indem wir uns auf die für die technischen Anwendungen wichtigsten Gebilde beschränken. In der Grund- und Aufrißdarstellung zeigt sich bei den krummflächigen Körpern insofern ein Unterschied gegenüber den ebenflächigen, als der scheinbare Umriß in den Projektionen nicht nur von Körperkanten gebildet wird. Wir werden darauf in den einzelnen Beispielen besonders hinweisen.

I. Zylinder, Kegel, Kugel

1. Projektionen eines Zylinders in beliebiger Stellung

Schon in Band I, Bild 15 und 16 wurde die Grund- und Aufrißprojektion eines Zylinders besprochen, der auf der Grundrißebene senkrecht steht. Wir wollen jetzt einen Drehzylinder in allgemeiner Lage darstellen. Gegeben sei die Zylinderachse s und der Durchmesser d des Zylinders. Wir wollen annehmen, daß es sich bei dem zylindrischen Körper um ein kurzes, an beiden Seiten offenes Rohrstück handelt, das durch zwei achsennormale Ebenen abgeschnitten ist und daher durch zwei parallele Kreise begrenzt wird. Die Projektionen der Kreismittelpunkte auf der Zylinderachse sind gegeben. Wir beginnen die Zeichnung mit der Konstruktion des Grund- und Aufrisses der beiden

Randkreise (Bild 1). Da die Ebenen der Kreise zur Zylinderachse senkrecht sind, lassen sich sofort die Hauptlinien h und f der Ebenen angeben. Durch den Grundriß des Mittelpunktes M_1' des unteren Kreises ziehen wir h' senkrecht zur Achse s' und f' waagerecht. Im Aufriß läuft f'' senkrecht zu s'' und h'' waagerecht. Bekanntlich (I, **9**) erscheint h im

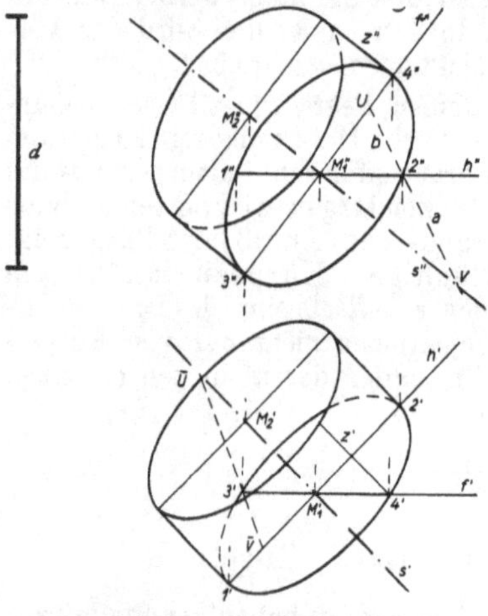

Bild 1.
Grund- und Aufriß eines zylindrischen Rohrstückes

Grundriß und f im Aufriß unverkürzt. Wir tragen daher von M_1' aus auf h' und ebenso von M_1'' auf f'' nach beiden Seiten den gegebenen Halbmesser des Kreises ab und erhalten in $1'$, $2'$ und $3''$, $4''$ je zwei Punkte des Kreises im Grundriß und Aufriß. Durch Herauf- und Herunterloten ergeben sich auf h'' die Punkte $1''$, $2''$ und auf f' die Punkte $3'$, $4'$. Jetzt kennen wir in jeder Projektion vier Punkte der beiden Ellipsen, die den Grund- bzw. Aufriß des Kreises darstellen. Die Strecke $1'\ 2'$ ist die große Achse der Grundrißellipse. Das läßt sich leicht einsehen, denn bei senkrechter Projektion werden alle Strecken, die nicht auf der entsprechenden Hauptlinie liegen, verkürzt. Der auf der Hauptlinie gelegene

Durchmesser ist daher der größte Durchmesser, also die große Ellipsenachse. Von der Grundrißellipse ist somit die große Achse (*1'*, *2'*) und ein Punkt (genauer ein Punktepaar *3'*,*4'*) bekannt. Die Ellipse läßt sich nach Konstruktion *III* des Abschnittes I, **28** zeichnen. Im Aufriß liegen die Dinge ebenso; hier ist *3'' 4''* die große Ellipsenachse und *1''*, *2''* bilden ein Punktepaar. In Bild 1 haben wir im Aufriß durch $V\ U$ und im Grundriß durch $\overline{V}\ \overline{U}$ den Papierstreifen angedeutet. Dabei ist im Aufriß die Strecke *2'' V* gleich der gegebenen großen Halbachse, d. h. gleich dem Halbmesser des Zylinders, und *2'' U* gleich der kleinen Ellipsenhalbachse. Nachdem die Hauptdurchmesser bekannt sind, zeichnet man das der Ellipse umschriebene Rechteck, bestimmt die Mittelpunkte der Scheitelkreise und kann schließlich die Ellipse selbst zeichnen. Entsprechend geht man im Grundriß vor.

Die Projektionen des oberen Zylinderrandkreises um den Mittelpunkt M_2 lassen sich sofort durch Parallelverschiebung der Ellipsen gewinnen. Durch die Mittelpunkte M'_2 und M_2'' ziehen wir die Parallelen zu den Ellipsenachsen und übertragen die Mittelpunkte der Scheitelkreise; dann können wir auch diese Ellipsen zeichnen. Die gemeinsamen Tangenten an die beiden Ellipsen in Grund- und Aufriß, die parallel zur Projektion der Zylinderachse sind, bestimmen den Umriß der Projektionen des Körpers.

Bei der Markierung der Sichtbarkeit müssen wir beachten, daß ein offenes Rohrstück darzustellen war. Im Grundriß ist der obere Kreis mit dem Mittelpunkt M_2 ganz sichtbar, dagegen wird der untere zum Teil durch den Zylindermantel verdeckt, was wir durch Stricheln angedeutet haben. Man kann durch das Rohr hindurch noch einen Teil des unteren Kreises sehen. Im Aufriß ist der Kreis um M_1 sichtbar, und der Kreis um M_2 wird zum Teil verdeckt.

Die Erzeugenden des Zylinders, die den Umriß der einen Projektion bilden, wollen wir noch in der anderen Projektion angeben. Die Umrißerzeugende *z''* durch *4''* muß als Grundriß die Gerade *z'* durch den Punkt *4'* besitzen. Die Umrißerzeugende des Grundrisses durch *2'* besitzt als Aufriß die Mantellinie durch *2''*.

2. Kavalierperspektive von Kreis und Zylinder

In den technischen Anwendungen der Darstellenden Geometrie wird man oft vor die Aufgabe gestellt, anschauliche Skizzen von Drehzylindern anzufertigen. Dies kann mittels der Kavalierperspektive geschehen (vgl. auch Bd. III). Meist wird die Achse des Zylinders senkrecht zu einer

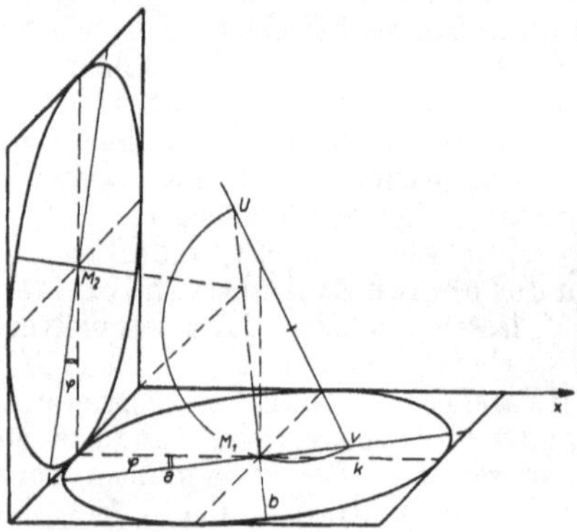

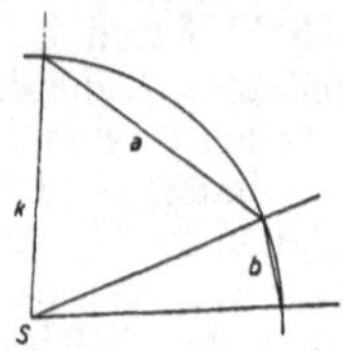

Bild 2a.
Verkürzungswinkel zur Bestimmung der Achsenlängen der Ellipse in der Kavalierperspektive des Kreises

Bild 2.
Kavalierperspektive eines zur Grundrißebene parallelen und eines zu beiden Projektionsebenen senkrechten Kreises

oder parallel zu beiden Projektionsebenen sein. Die Ebene des Kreises ist dann entweder parallel zur Aufrißebene oder zur Grundrißebene oder senkrecht zur Grund- und Aufrißebene. Wir wollen die Kavalierperspektive des Kreises in diesen drei ausgezeichneten Lagen behandeln.

I. Ist der Kreis parallel zur Aufrißebene, so ist sein Bild in der Kavalierperspektive wieder ein Kreis vom gleichen Durchmesser, denn alle zur Aufrißebene (Bildebene der Kavalierperspektive) parallelen Figuren erscheinen in der Kavalierperspektive unverzerrt.

II. Anders liegen die Verhältnisse bei einem waagerechten Kreis. Ein Quadrat, welches dem Kreis so umschrieben ist, daß zwei Seiten zur Aufrißebene parallel sind, erscheint in der Kavalierperspektive als Parallelogramm, dessen spitzer Winkel 45° und dessen Seitenverhältnis 2:1 beträgt. Die große Seite ist gleich der wahren Länge des Kreisdurchmessers. Dieses Parallelogramm ist in Bild 2 gezeichnet.

Die Kavalierperspektive ist eine Parallelprojektion. Daher muß das perspektive Bild des Kreises eine Ellipse sein, die zum Kreis affin ist. Den orthonogalen Durchmessern des Kreises, die zu den Quadratseiten parallel sind, entsprechen konjugierte Durchmesser der Ellipse. (In Bild 2 gestrichelt gezeichnet.) Die Konstruktion von Rytz, die im Bild 2 angegeben ist, bestimmt die Halbachsen a, b der Ellipse, so daß man diese zeichnen kann. Dabei ist natürlich zu beachten, daß die Ellipse die Seiten des Parallelogramms in den Mittelpunkten berührt.

Alle waagerechten Kreise besitzen als kavalierperspektive Bilder Ellipsen, die zu der soeben konstruierten ähnlich sind. Die Ellipsenachsen sind stets parallel zu den gerade konstruierten und ihr Längenverhältnis ist stets gleich dem von $a : b$. Diese Tatsache erleichtert die Anfertigung anschaulicher Skizzen außerordentlich. Kennt man nämlich das perspektive Bild des Kreismittelpunktes, so kann man sofort die Richtungen der Achsen parallel zu a und b zeichnen, wenn man sich den Winkel φ von a mit der x-Achse für alle vorkommenden Fälle merkt. Auch die Längen der Ellipsenachsen lassen sich leicht aus einer einfachen Hilfszeichnung entnehmen, die man sich für alle Fälle aufhebt (Bild 2a). Mit dem Radius k des Kreises, der Bild 2 entnommen wird, beschreiben wir einen Kreisbogen; auf diesem tragen wir die große Achse a und die kleine Achse b der Ellipse ab; die beiden Endpunkte verbinden wir mit dem Kreismittelpunkt S. Die so entstehenden Winkel heißen *Verkürzungswinkel*. Will man die Kavalierperspektive eines waagerechten Kreises vom Radius r zeichnen, so beschreibt man um S den Kreis mit r. Die Sehnen, die von den drei Leitstrahlen aus diesem Kreis ausgeschnitten werden, geben die Achsenlängen der Ellipse.

III. Ein Kreis, dessen Ebene senkrecht zum Grund- und Aufriß ist, erscheint in der Kavalierperspektive als Ellipse mit den gleichen Achsenlängen wie ein waagerechter Kreis vom selben Radius. Wir zeichnen zunächst das Parallelogramm als perspektives Bild des dem Kreis umschriebenen Quadrats (Bild 2). Dabei wählen wir den Radius des Kreises gleich dem des waagerechten Kreises, dessen Kavalierperspektive wir soeben in Bild 2 konstruiert haben. Das Parallelogramm des vertikalen Kreises ist kongruent dem des waagerechten Kreises; daher müssen auch die Ellipsen kongruent sein. Die große Ellipsenachse schließt mit der vertikalen Richtung den gleichen Winkel φ ein, den die Hauptachse der waagerechten Ellipse mit der horizontalen Richtung bildet. Jetzt können wir sofort die Achsenrichtungen zeichnen, darauf die Längen a, b der Halbachsen abtragen und die Ellipse vollenden. Ist das kavalierperspektive Bild eines Kreises vom beliebigen Radius r zu zeichnen, dessen Ebene zum Grund- und Aufriß senkrecht ist, so lassen sich die Hauptachsen der Bildellipse aus den Verkürzungswinkeln (Bild 2a) abgreifen. Es sei noch erwähnt, daß sich die Achsen der beiden Ellipsen in Bild 2 auf der gemeinsamen Seite der beiden Parallelogramme schneiden müssen. Zwischen den Ellipsen besteht eine affine Zuordnung. Affinitätsachse ist die gemeinsame Seite der beiden Parallelogramme; sie ist zugleich Symmetrieachse der Figur. Die Ordnungslinien der Affinität sind senkrecht zur Achse.

IV. Tangenten der Ellipse. Oft sind die zu einem gegebenen Durchmesser senkrechten Tangenten einer Ellipse zu zeichnen, z. B. die Umrißerzeugenden des Zylinders in Band I, Bild 15. Legt man auf besondere Genauigkeit der Zeichnung keinen Wert, wie etwa bei Skizzen, die nur zur Veranschaulichung dienen, so wird man sich nicht die Mühe machen, die Umrißerzeugenden zu konstruieren, sondern die Tangenten nach Augenmaß zeichnen. Jedoch gibt es auch recht einfache Konstruktionen. Ihre Grundlage ist stets die Affinität wie in Band I, **28**. In Bild 3 seien die konjugierten Durchmesser MA und MD sowie der Ellipsenbogen gegeben. Wir suchen die zu MA senkrechte Tangente. Die Ellipse ist affin zu dem Kreis um M mit dem Radius MA. Dem Parallelogramm $M\,A\,B\,D$, das die Ellipse in A, D berührt, entspricht das Quadrat $M\,A\,B_0\,D_0$. Die Gerade $M\,A$ ist Affinitätssache, $B\,B_0$ Ordnungslinie der Affinität. Wir suchen die zu $M\,A$, d. h. zur Affinitätsachse senkrechte Ellipsentangente. Der Geraden $C\,B$ dieser Richtung ist die Gerade $C\,B_0$ affin zugeordnet. Die zu $C\,B_0$ parallele Kreistangente berührt den Kreis in S und schneidet die Affinitätsachse

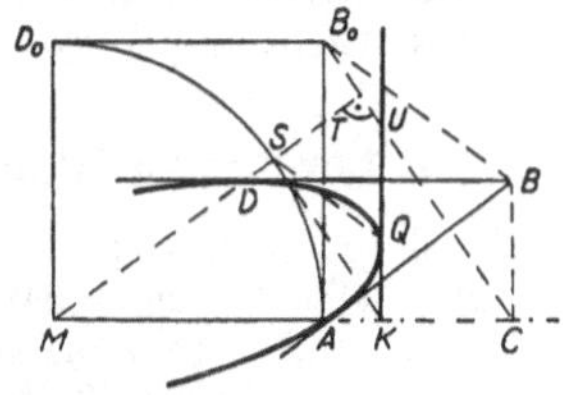

Bild 3.
Tangente mit gegebener Richtung an die Ellipse

in K. Die Achsensenkrechte durch K ist die gesuchte Ellipsentangente; sie berührt die Ellipse in dem Punkt Q, der mit S auf einer Ordnungslinie liegt.

Aus dieser Konstruktion lassen sich geometrische Beziehungen ableiten, die zu anderen, in besonderen Fällen einfacheren Konstruktionen für die Tangenten führen. Z. B. ist $M\,T = M\,K$, so daß K auf dem Kreis um M mit $M\,T$ liegt. Ferner ist $A\,T = A\,C$. Der Kreis um A mit $A\,C$ bestimmt T. Die Tangente der Ellipse läßt sich also sehr schnell ermitteln, dagegen bleibt die Bestimmung des Berührungspunktes auf die Ordnungslinie der Affinität angewiesen.

V. Die Kavalierperspektive eines Zylinders bereitet nach diesen Vorbereitungen keine Schwierigkeiten. Band I, Bild 15 zeigt einen vertikalen Zylinder. Man beginnt die Konstruktion mit der Achse $M_1\,M_2$. Um die beiden Mittelpunkte beschreibt man die kongruenten Ellipsen, indem man durch M_1 und M_2 die Achsen zeichnet, deren Richtung bekannt ist, und deren Länge man aus Bild 2a abgreifen kann. Die gemeinsamen Tangenten der Ellipsen, die bei richtiger Zeichnung zur Achse des Zylinders parallel sein müssen, und die Unterscheidung der sichtbaren von den unsichtbaren Linienzügen vollenden die Skizze. Ist besondere Genauigkeit der Zeichnung verlangt, so hat man nach dem soeben erläuterten Verfahren die Umrißtangenten zu konstruieren.

Die Kavalierperspektive eines Zylinders, dessen Achse zur Bildebene bzw. Aufrißebene senkrecht ist, läßt sich noch leichter zeichnen, denn in diesem Fall erscheinen die Randkreise im perspektiven Bild wieder als Kreise. Ein Beispiel für diese Anordnung zeigt Bild 22 in Band I.

3. Ebener Schnitt durch einen Drehzylinder

Ein durch seine Grund- und Aufrißprojektion gegebener Zylinder soll mit der Ebene 𝔈 geschnitten werden, deren Spuren e_1 und e_2 bekannt sind (Bild 4). Wie in Band I, **23** führen wir eine Seitenrißebene ein, die zum Grundriß und zu 𝔈 senkrecht ist. Der Seitenriß aller Punkte der Ebene 𝔈 fällt in die Seitenrißspur e_3, die wir durch den Seitenriß eines beliebigen Punktes P der Aufrißspur von 𝔈 ermitteln. Der Umriß des Zylinders im Seitenriß ist ein Rechteck, das dem des Aufrisses kongruent ist. Der Schnitt des Zylinders mit der Ebene 𝔈 erscheint im Seitenriß als Strecke $1''' \, 3'''$, dagegen im Grundriß als Kreis $1', 2', 3', 4'$. In Wirklichkeit ist die Schnittfigur eine Ellipse, deren große Achse in der Strecke $1''' \, 3'''$ in wahrer Länge erscheint. Die kleine Achse ist im Grundriß als Strecke $2' \, 4'$ unverkürzt sichtbar; 2, 4 liegen auf einer Höhenlinie der Ebene 𝔈. Die Durchmesser $1' \, 3'$ und $2' \, 4'$ sind der Grundriß der Achsen der Schnittellipse. Damit sind die Projektionen der Schnittellipse im Grund- und Seitenriß bekannt, und es bleibt nur der Aufriß zu konstruieren. Die Aufrisse $1'', 2'', 3'', 4''$ der Punkte 1, 2, 3, 4 der Schnittellipse lassen sich durch Herauflоten aus dem Grundriß und Abtragen der entsprechenden Höhen aus dem Seitenriß leicht angeben. Die beiden Durchmesser $1'' \, 3''$ und $2'' \, 4''$ sind zwei konjugierte Durchmesser der Aufrißellipse. Das läßt sich auf verschiedene Arten beweisen. Einmal dadurch, daß man die Affinität zwischen dem Grund- und

Aufriß einer ebenen Figur beachtet; die Aufrißellipse ist affin zum Grundkreis des Zylinders. Die entsprechenden Durchmesser des Kreises sind orthogonal. Ein anderer Beweis, der sich sehr oft anwenden läßt, geht davon aus, daß der Durchmesser $2'' \, 4''$ waagerecht ist. Aus dem Seitenriß entnimmt man, daß Punkt 1 der tiefste und 3 der höchste Punkt der Schnittellipse ist. Daher müssen die Tangenten in diesen beiden Punkten waagerecht sein. Dann sind aber auch die Tangenten in den Punkten $1''$, $3''$ des Aufrisses waagerecht und parallel zum Durchmesser $2'' \, 4''$. Die Tangenten der Aufrißellipse in den Endpunkten des Durchmessers $1'' \, 3''$ sind parallel zum Durchmesser $2'' \, 4''$; dieser ist also zum ersten konjugiert. Ohne auf den Beweis einzugehen (8), erwähnen wir den Satz: *Die Parallelprojektion einer Ellipse ist wieder eine Ellipse* (oder ein Kreis).

Aus den beiden konjugierten Durchmessern bestimmen wir mit der Rytzschen Konstruktion die Achsen und können die Ellipse unter Verwendung der Scheitelkreise zeichnen. Die praktische Ausführung solcher Zeichnungen macht stets einige Mühe. Von der Aufrißellipse im Bild 4 kennen wir außer den vier Punkten $1''$, $2''$, $3''$, $4''$ die vier Scheitelpunkte nach der Konstruktion von Rytz. In allen diesen acht Punkten sind die Tangenten der Ellipse bekannt. Es gehört einige Übung dazu, die Ellipse einwandfrei durch diese Punkte zu zeichnen. Dabei ist besonders wichtig, daß die Ellipse die beiden Umrißerzeugenden des Aufrisses berühren muß. Es empfiehlt sich, die Berührungspunkte der Umrißerzeugenden mit der Ellipse zu konstruieren. Dies sind die Schnittpunkte A, B der Umrißerzeugenden mit der Ebene 𝔈. Der Grundriß fällt in die Punkte A', B'. Im Seitenriß kann man die Höhe der beiden Punkte A''' und B''' abgreifen und in den Aufriß übertragen. Dadurch erhält man die Aufrisse A'' und B'', in denen die Ellipse die Umrißgeraden berührt. Bild 4 ist so ausgeführt, daß lediglich der Zylinderstumpf, der nach Abschneiden des oberen Teiles übrigbleibt, als Körper stark ausgezogen wurde.

Wir haben soeben stillschweigend angenommen, daß die Ellipse im Aufriß des Bildes 4 die Projektion der Umrißerzeugenden berührt, und wollen jetzt näher darauf eingehen. Es sei c irgendeine Kurve einer krummen Fläche, z. B. eines Zylinders wie im Bild 4; die Tangente in einem Punkt Q von c liegt in der Tangentenebene, die in dem Punkt Q die Fläche berührt. Ist der Punkt Q ein Punkt des Umrisses der Fläche, wie etwa der Punkt A des Zylinders, so

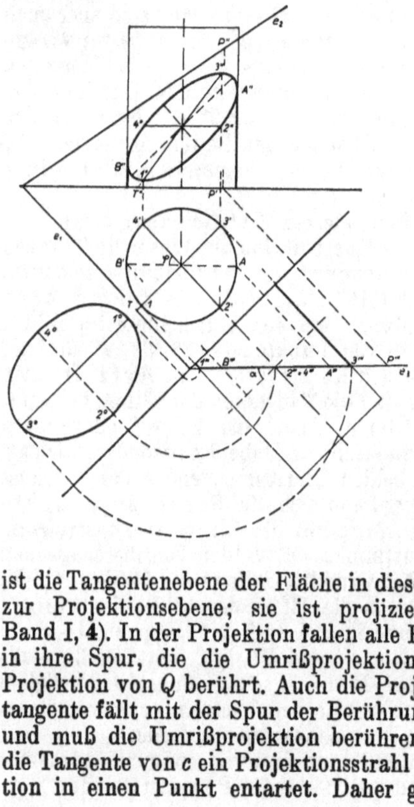

Bild 4.
Ebener Schnitt durch einen Zylinder

ist die Tangentenebene der Fläche in diesem Punkt senkrecht zur Projektionsebene; sie ist projizierende Ebene (vgl. Band I, **4**). In der Projektion fallen alle Punkte dieser Ebene in ihre Spur, die die Umrißprojektion der Fläche in der Projektion von Q berührt. Auch die Projektion der Kurventangente fällt mit der Spur der Berührungsebene zusammen und muß die Umrißprojektion berühren; es sei denn, daß die Tangente von c ein Projektionsstrahl ist und ihre Projektion in einen Punkt entartet. Daher gilt: *Die Projektion* *jeder Kurve c einer krummen Fläche, die die Umrißkurve der Fläche schneidet, muß die Projektion der Umrißkurve berühren, wenn die Tangente von c in diesem Punkt kein Projektionsstrahl ist.* Beispiele für den allgemeinen Fall sind im Bild 4 die Punkte A, B bezüglich des Aufrisses und für den Sonderfall die Punkte *1* und *3* bezüglich des Seitenrisses.

Um den Zylinderstumpf aus Papier oder Blech anzufertigen, muß man seine Oberfläche in die Ebene abwickeln. Von den drei Teilen, die durch den Boden, den elliptischen Deckel und den Zylindermantel gebildet werden, ist der kreisförmige Boden unmittelbar bekannt. Die wahre Gestalt des elliptischen Deckels erhalten wir durch Umlegen der Schnittebene $\mathfrak{E}$ um die Grundrißspur e_1 in die Grundrißebene. Das Verfahren ist aus Band I, 11 und 15 bekannt. Durch die Umlegung gelangen die Scheitel *1*, *2*, *3*, *4* der Ellipse in die Punkte 1^0, 2^0, 3^0, 4^0. Die Strecken $1^0\,3^0$ und $2^0\,4^0$ sind die Achsen der Ellipse, die die wahre Gestalt des Schnittes darstellt.

Den Zylindermantel schneidet man am besten längs der kürzesten Mantellinie auf und denkt sich ihn in die Ebene ausgebreitet. Dabei geht der Grundkreis des Zylinders in eine Gerade über. Die Punkte $1'$, $2'$, $3'$, $4'$ des Kreises gehen über in Punkte der Geraden derart, daß ihr Abstand auf der Geraden gleich dem zwischen ihnen gelegenen Kreisbogen ist. Die Länge eines Kreisbogens läßt sich jedoch mit Zirkel und Lineal nicht genau bestimmen; daher kann die Abwicklung des Kreises nur näherungsweise ausgeführt werden. Wir ersetzen den Kreis durch ein Vieleck, dessen Eckenzahl so groß ist, daß sein Umfang nur wenig von dem des Kreises abweicht, und breiten das Vieleck auf der Geraden aus. In Bild 4 wurde ein Sechzehneck gewählt, dem die Punkte $1'$, B', $4'$ angehören. Bild 5 zeigt die Ausbreitung des Vielecks auf die Gerade. Die Mantellinien des Zylinders erscheinen in der Abwicklung als Geraden, die die Grundgerade in den Punkten $\bar{1} \ldots \bar{3}$ senkrecht schneiden. Wir zeichnen diese Senkrechten durch die Polygoneckpunkte in Bild 5 und tragen darauf die Längen der Mantellinien ab, die dem

Seitenriß entnommen werden. Die so erhaltenen Endpunkte verbinden wir durch eine Kurve. Dabei ist zu beachten, daß die Tangente der Kurve in 1^0 und 3^0 parallel zur Geraden $\bar{1}\,\bar{3}$ sein muß. Da der Zylinderstumpf symmetrisch ist, genügt es, wenn wir den halben Mantel in der Abwicklung zeichnen.

Die Abwicklung läßt sich genauer ausführen, wenn man den Umfang des Zylindergrundkreises berechnet nach der Formel $u = 2\,r\,\pi$. Diesen Umfang trägt man auf

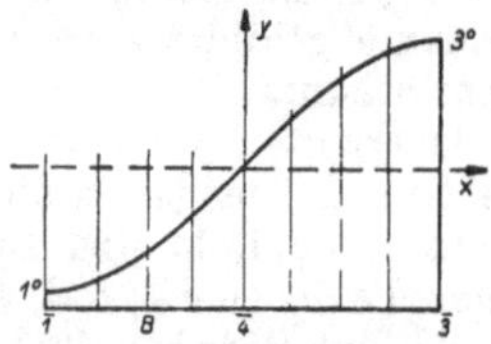

Bild 5.
Abwicklung des Mantels des Zylinderstumpfes

der Geraden in Bild 5 ab, teilt ihn entsprechend der Eckenzahl des gewählten regulären Vielecks in n gleiche Teile und verfährt dann, wie oben beschrieben wurde.

Die bei der Abwicklung des Zylinderstumpfes entstehende Kurve ist eine Sinuslinie. Es bereitet keine Schwierigkeiten, die Gleichung der Kurve aufzustellen in bezug auf das Koordinatensystem, das in Bild 5 angedeutet ist. Die Abszissen entsprechen den vom Punkt $4'$ (im Bild 4) gemessenen Bogenlängen der Kreispunkte. Mit dem Zentriwinkel φ wird die Abszisse des Punktes $B : x = -r\varphi$, wenn r der Radius des Zylinders ist. Die Ordinaten der Punkte der Randkurve in der Abwicklung sind gleich den Abständen der entsprechenden Punkte des Seitenrisses in Bild 4 von der Höhenlinie durch den Punkt $2''' = 4'''$. Für den Punkt B''' wird $y = -r\,\mathrm{tg}\,\alpha\,\sin\varphi$. Eliminiert man aus den beiden Gleichungen den Parameter φ, so folgt

$$y = (r \cdot \mathrm{tg}\,\alpha)\sin\frac{x}{r}.$$

Die Gleichung stellt eine Sinuslinie dar, deren Amplitude gleich $r\,\mathrm{tg}\,\alpha$ ist.

4. Kugel: Kavalierperspektive; Schnitt mit Ebene und Gerade

Die Projektionen einer Kugel werden im Grund- und Aufriß begrenzt von einem Kreis. Die zur Projektionsrichtung senkrechte Ebene durch den Kugelmittelpunkt M schneidet die Kugel in einem Großkreis, der die Umrißkurve der Projektion darstellt. Die Projektionsstrahlen durch die Punkte der Umrißkurve berühren die Kugel. Sie bilden einen die Kugel berührenden Zylinder, dessen Schnitt mit der Bildebene die Umrißprojektion der Kugel ist, bei senkrechter Projektion also ein Kreis. Soll ein Punkt P auf der Kugel liegen, so müssen zunächst beide Projektionen von P im Innern der entsprechenden Kreise gelegen sein. Es sei zum Beispiel P' gegeben; wie muß der Aufriß P'' von P gewählt werden, damit P ein Punkt der Kugeloberfläche ist (Bild 6). Zur Bestimmung von P'' benutzen wir die durch P gehende waagerechte oder die frontale Ebene. Jede Ebene schneidet die Kugel in einem Kreis. Der Schnitt der Kugel mit einer frontalen Ebene erscheint im Grundriß als Strecke, nämlich als Sehne des Umrißkreises, und im Aufriß als Kreis; der Schnitt mit einer waagerechten Ebene besitzt als Grundriß einen Kreis, als Aufriß eine Strecke. Die durch P' gehende frontale Sehne des Grundrißkreises stellt den Grundriß des frontalen Schnittes durch P dar. Die Länge der Sehne gibt den Durchmesser des Kreises um M'', der Aufriß des frontalen Schnittes durch P ist. Auf diesem findet man durch Heraufprojizieren aus dem Grundriß die Aufrisse P_1'' und P_2''. Die Punkte P', P_1'' und P', P_2'' sind die Projektionen zweier Punkte der Kugeloberfläche. Benutzt man eine waagerechte Ebene, so kann man entsprechend konstruieren (s. Bild 6).

Als einfache Anwendung der Grundaufgaben soll eine rechteckige Platte (mit zwei waagerechten Kanten) konstruiert werden, die in ihrem Mittelpunkt P die Kugel berührt. Die Berührungsebene der Kugel im Punkt P steht senkrecht auf dem Radius $M\,P$. Wir haben daher durch P eine Ebene zu legen, die in P auf $M\,P$ senkrecht steht. Im Bild 6 sind durch P', P_2'' die Projektionen der Hauptlinien dieser Ebene gezeichnet. Zwei Seiten des Rechtecks sind parallel zur Höhenlinie h. Wir zeichnen zuerst im Grundriß die beiden Parallelen zu h' im gleichen Abstand und ergänzen die Figur zu einem Rechteck. Denn ein Rechteck, von dem zwei Seiten horizontal sind, erscheint im Grundriß als Rechteck. Die Schnittpunkte $1'$, $2'$ der Rechteckseiten mit der Frontlinie f' loten wir vom Grundriß in den Aufriß. Durch $1''$ und $2''$ legen wir die Parallelen zu h''. Die Eckpunkte des Parallelogramms, das den Aufriß des berührenden Rechtecks darstellt, liegen auf den entsprechenden Ordnungslinien durch die bekannten Grundrisse. Der Grundriß der rechteckigen Platte wird zum Teil durch die Kugel verdeckt; im Aufriß verdeckt das Rechteck einen Teil der Kugel.

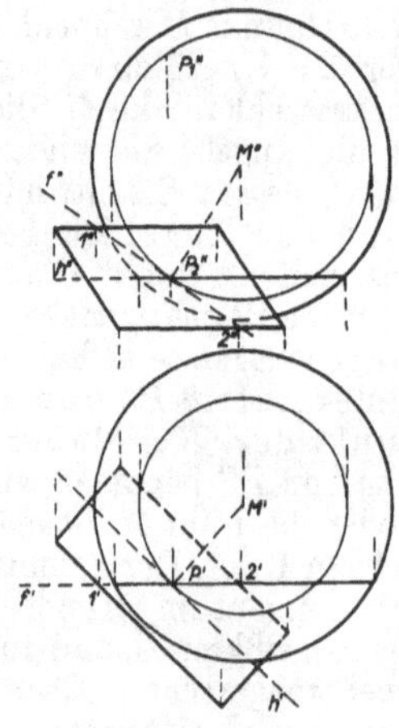

Bild 6.
Berührungsebene im Punkt P (P', P_2'') der Kugel

Für anschauliche Skizzen der Kugel ist im allgemeinen die Kavalierperspektive nur wenig geeignet. Als schiefe Parallelprojektion gibt die Kavalierperspektive den Umriß der Kugel als Ellipse wieder. Das steht im Gegensatz zu unserer Vorstellung, in der wir den Kugelumriß stets als Kreis denken. Es empfiehlt sich daher, für Skizzen der Kugel die senkrechte Axonometrie zu verwenden, die im dritten Bändchen behandelt wird. Da aber die Kavalierperspektive der Kugel oft fehlerhaft ausgeführt wird, soll sie hier kurz behandelt werden. Auf der Kugel, die wir uns als Erd- oder Himmelskugel denken können, seien der Äquator a als waagerechter und zwei zueinander senkrechte Meridiane (m, k) als vertikale Kreise gezeichnet. Einen der letzteren, etwa k, wählen wir parallel zur Bildebene; er erscheint in der Kavalierperspektive als Kreis, dessen Radius der Kugelradius ist (Bild 7). Das Bild des anderen Meridians sowie dasjenige des Äquators läßt sich nach dem Vorgang des Bildes 2 sofort zeichnen. Von den beiden Bildellipsen können wir die Hauptachsen nach dem in **2** beschriebenen Verfahren bestimmen.

Der Umriß der Kugel ist die Ellipse, die den Kreis k und die beiden Ellipsen m und a berührt. Auch die Achsen der Umrißellipse lassen sich mühelos ermitteln. Wir beschreiben zunächst das zeichnerische Verfahren und werden es anschließend kurz begründen. Die kleine Achse der Umrißellipse fällt mit dem Kreisdurchmesser $T\,M\,S^0$ zusammen, der senkrecht zu SM ist (Bild 7). Die große Achse ist dazu senkrecht. Um ihre Länge zu finden, verbinden wir in Bild 7 S^0 mit S und legen an den Kreis k die beiden zu $S^0\,S$ parallelen Tangenten. Sie treffen die Achse in den Scheitelpunkten A, B. Mit Hilfe der Krümmungskreise in den Scheiteln T, S^0; A, B läßt sich die Umrißellipse leicht zeichnen.

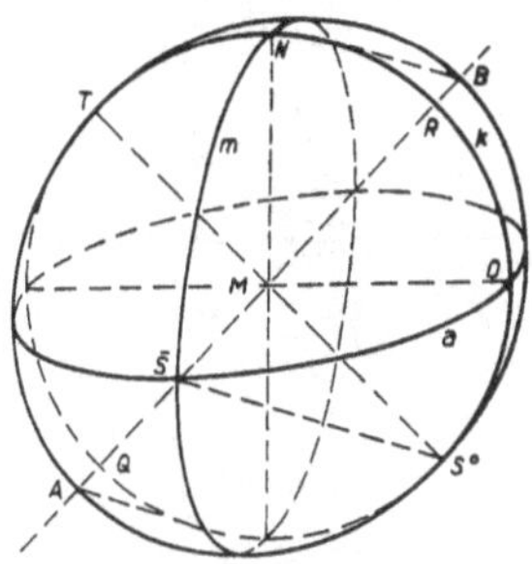

Bild 7.
Kavalierperspektive der Kugel

Zur Begründung der Konstruktion beachte man, daß die Kavalierperspektive eine schiefe Parallelprojektion ist. Der Umriß des perspektiven Bildes der Kugel ist der Schnitt des projizierenden Zylinders, der die Kugel in einem Großkreis berührt, mit der Bildebene. Wir nehmen an, die Bildebene sei so gewählt, daß sie die Kugel im Kreis k schneidet. Dann ist $T\,S^0$ der Schnitt der Bildebene mit der Ebene des Berührungskreises des projizierenden Zylinders und wird daher kleine Achse der Ellipse. Die zur Bildebene senkrechte Ebene $\mathfrak{E}$ durch den Kugeldurchmesser $Q\,M\,R$ schneidet die Kugel in einem Kreis, dessen vor M gelegener

Punkt S bei der schiefen Parallelprojektion nach $\ddot{S}$ projiziert wird. Klappen wir den Kreis in die Bildebene um, so fällt S nach S^0 und der Kreis in den Kreis k. Der schiefe Projektionsstrahl, der S nach $\bar{S}$ projiziert, fällt nach der Umklappung in die Gerade $S^0 \bar{S}$. Die in 𝔈 gelegenen Mantel-

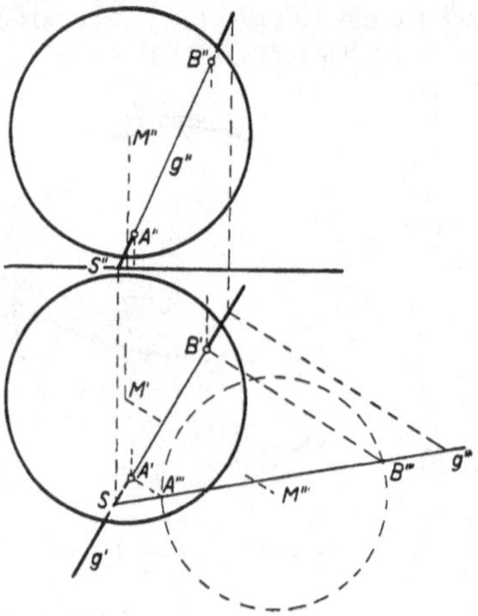

Bild 8.
Schnittpunkte von Kugel und Gerade

linien des projizierenden Zylinders erscheinen nach der Umklappung von 𝔈 als die zu $S^0 S$ parallelen Tangenten des Kreises k. In Anbetracht der Nachteile, die der Kavalierperspektive der Kugel anhaften, wollen wir uns mit diesen kurzen Hinweisen begnügen.

Bild 8 zeigt den Schnitt einer Kugel mit einer Geraden. Die Projektionen des Kugelumrisses und der Geraden g (g', g'') seien gegeben. Durch die Gerade g legen wir eine vertikale Hilfsebene 𝔈. Sie schneidet die Kugel in einem Kreis, der im Grundriß als Strecke erscheint. g' ist zugleich die Grundrißspur der Hilfsebene. Durch Umlegen von 𝔈 um die Grundrißspur in die Grundrißebene erhält man den Schnittkreis von 𝔈 mit der Kugel in wahrer Gestalt.

Zur zeichnerischen Durchführung fällt man von M' das Lot auf g', trägt auf der Verlängerung die Höhe von M ab und beschreibt um M''' den Kreis, dessen Durchmesser gleich der vom Kugelgrundriß aus g' ausgeschnittenen Sehne ist. Die Umlegung g''' von g schneidet den Kreis in A''' und B'''. Das sind die Umlegungen der gesuchten Schnittpunkte von g mit der Kugel. Durch Zurückdrehen der Ebene 𝔈 findet man die Grundrisse A', B' und durch Heraufloten die Aufrisse A'', B''. Der Aufriß g'' von g ist in Bild 8 sehr steil, so daß beim Herafloten infolge der spitzen Winkel Ungenauigkeiten auftreten können. Diese lassen sich vermeiden, wenn man die Höhen der Punkte A, B aus der Umlegung abgreift und in den Aufriß überträgt.

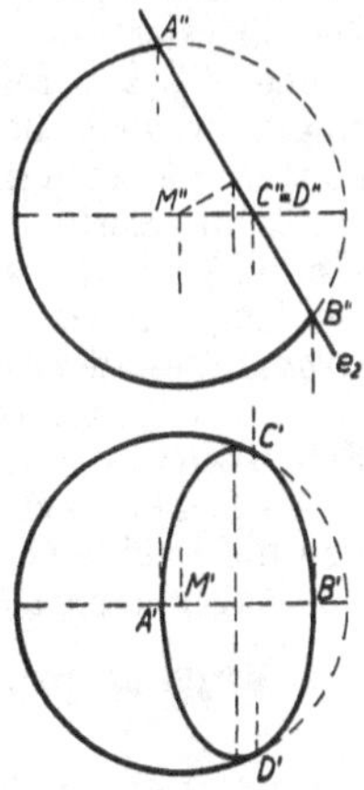

Bild 9.
Schnitt von Kugel und Ebene

Um festzustellen, welche Teile der Geraden g im Grundriß sichtbar sind und welche von der Kugel verdeckt werden, beachten wir, daß die durch M gehende waagerechte Ebene die Kugel in zwei Hälften teilt, deren obere im Grundriß sichtbar, deren untere im Grundriß unsichtbar ist. Da der Schnittpunkt A tiefer und B höher als M liegt, ist A im Grundriß unsichtbar, dagegen B sichtbar. Im Aufriß liegen die Verhältnisse entsprechend; hier trennt die durch M gehende frontale Ebene den sichtbaren von dem unsichtbaren Teil der Kugel.

Der Schnitt der Kugel mit einer Ebene ist ein Kreis. Wir behandeln den einfachen Fall, in dem die Schnittebene 𝔈 senkrecht zur Aufrißebene ist (Bild 9). Ihre Aufrißspur sei e_2. Der Aufriß des Schnittkreises ist die Sehne $A''\ B''$ von e_2. A und B liegen auf dem Umriß der Kugel. Der Grundriß dieses Umrißkreises ist die frontale Gerade durch M'. Durch Herunterloten erhält man A', B' und damit die kleine Achse der Ellipse, die den Grundriß des Kreises darstellt. Die Mittelsenkrechte auf $A' B'$ gibt die Lage der großen Ellipsenachse. Die Länge der großen Ellipsenachse ist gleich dem Durchmesser des Schnittkreises von 𝔈 mit der Kugel, denn die große Achse ist zugleich Höhenlinie; ihr Grundriß erscheint unverkürzt. Der Durchmesser des Schnittkreises erscheint im Aufriß als die Sehne $A'' B''$. Seine Länge kann in den Grundriß übertragen werden. Jetzt kennen wir die Hauptachsen und können die Grundrißellipse zeichnen.

Für die Ausführung ist es wichtig, ob die Ellipse den Umrißkreis der Kugel berührt oder nicht. Der Umriß der Kugel im Grundriß ist die Projektion des waagerechten Großkreises, dessen Aufriß der waagerechte Durchmesser des Aufrißkreises ist (Bild 9). Er schneidet den Aufriß des Schnittkreises in dem Punkt $C'' = D''$. Durch Herunterloten dieses Punktes auf den Umrißkreis des Grundrisses, ergeben sich die Punkte C', D', in denen die Ellipse den Umrißkreis der Kugel berührt.

5. Kegel im Grund- und Aufriß; Kavalierperspektive des Kegels

Dreht sich eine Gerade um eine Achse, die durch einen Punkt S der Geraden geht, so beschreibt sie den Mantel eines *Drehkegels* oder kurz gesagt einen *Kegel.* In Bild 11 ist $S M$ die Achse und $S B$ eine Gerade, die durch Rotation um $S M$ den Kegelmantel beschreibt. Bei der Drehung beschreibt jeder Punkt von $S B$ einen auf dem Kegel gelegenen Kreis, auch *Parallelkreis* genannt. $S B$ durchläuft die *Mantellinien* oder *Erzeugenden* des Kegels. Wir haben hier nur ein Stück eines Kegels betrachtet. Durch unbegrenzte Verlängerung von $S B$ nach beiden Seiten entsteht ein Drehkegel im allgemeinen Sinne des Wortes. In allen Anwendungen des Ingenieurs wird nur ein begrenztes Kegelstück vorkommen, das meist durch eine zur Achse senkrechte Ebene abgeschnitten ist. Man nennt einen solchen Körper einen *geraden Kreiskegel.* Wenn die Kegelachse senkrecht zur Grundrißebene steht, lassen sich die Projektionen des

Kegels leicht angeben. Der Grundkreis erscheint im Grundriß in wahrer Gestalt. Der Grundriß der Kegelspitze fällt in den Kreismittelpunkt. Der Umriß der Aufrißprojektion des Kegels ist ein gleichschenkliges Dreieck. Die beiden durch S'' gehenden Dreieckseiten sind die Aufrisse der Umrißerzeugenden. Ihr Grundriß fällt mit dem zur Projektionsachse parallelen Durchmesser des Grundkreises zusammen.

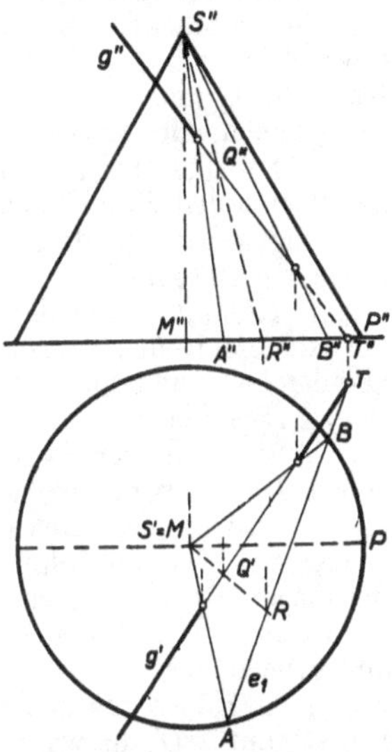

Bild 10.
Konstruktion der Schnittpunkte von Kegel und Gerade

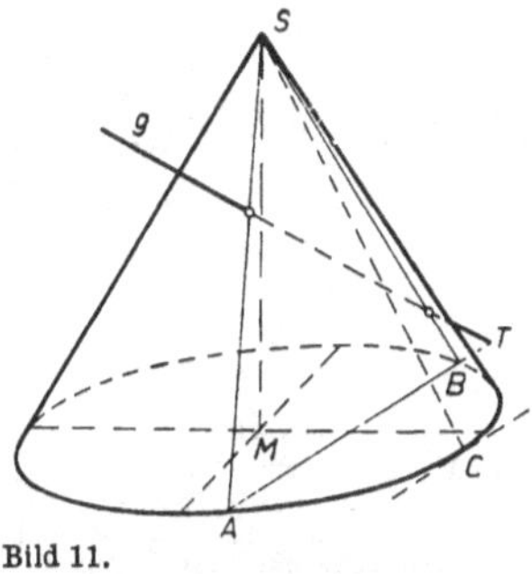

Bild 11.
Kavalierperspektive des Kegels und einer den Kegel durchdringenden Geraden

In Bild 10 ist eine Umrißerzeugende mit $S\,P$ bezeichnet. Die Berührungsebene an den Kegel längs der Mantellinie $S\,P$ ist senkrecht zur Aufrißebene; sie ist die projizierende Ebene der Umrißgeraden $S\,P$.

Wollen wir den in Bild 10 durch seine Projektionen gegebenen Drehkegel in Kavalierperspektive darstellen, so beginnen wir mit dem perspektiven Bild des waagerechten Grundkreises, das nach **2** gezeichnet wird. Durch den Mittelpunkt M der Ellipse, die das Bild des Grundkreises darstellt (Bild 11), ziehen wir die vertikale Gerade und tragen darauf die Höhe des Kegels ab. Der Endpunkt ist das perspektive Bild der Kegelspitze S. Die Tangenten von S an die Ellipse vervollständigen die Skizze (Band I, **28**).

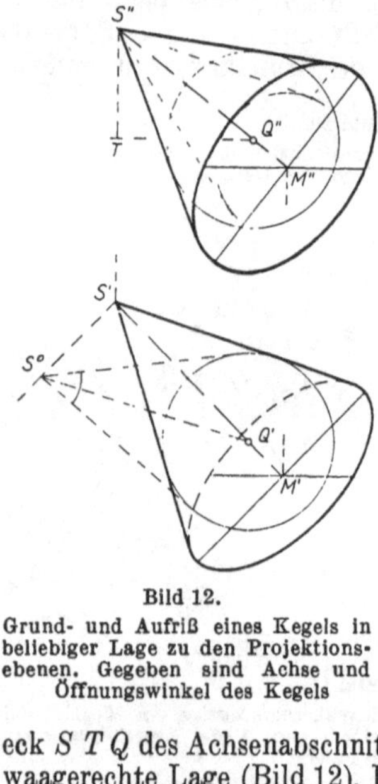

Bild 12.
Grund- und Aufriß eines Kegels in beliebiger Lage zu den Projektionsebenen. Gegeben sind Achse und Öffnungswinkel des Kegels

Auch die Projektionen eines Kegels in beliebiger Stellung zu den Projektionsebenen lassen sich mühelos zeichnen. Es sei etwa die Achse SM des Kegels in Grund- und Aufriß gegeben und außerdem der Öffnungswinkel (so nennt man den Winkel, den zwei gegenüberliegende Erzeugende einschließen) bekannt. Kommt es nur darauf an, die beiden Umrißgeraden im Grund- und Aufriß zu zeichnen, so können wir folgendermaßen vorgehen. Durch einen beliebigen Punkt Q der Achse ziehen wir die Höhenlinie derjenigen Ebene, die vertikal durch die Achse geht, und drehen das Stützdreieck $S\,T\,Q$ des Achsenabschnitts $S\,Q$ um die Höhenlinie in die waagerechte Lage (Bild 12). Dann bestimmt S^0Q' die wahre Länge und Neigung (gegen π_1) des Achsenabschnitts SQ. An die Umlegung S^0Q' tragen wir nach beiden Seiten den halben Öffnungswinkel an und beschreiben um Q' den Kreis, der die freien Schenkel der Winkel berührt. Legt man von S' die Tangenten an den Kreis um Q', so bilden diese den Umriß des Kegelgrundrisses. Beschreibt man um Q'' einen Kreis vom gleichen Radius, so bilden die Tangenten von S'' an diesen Kreis den Umriß des Aufrisses. Die Begründung des Vorganges liegt darin, daß man stets eine Kugel so in einen Drehkegel hineinlegen kann, daß sie den Kegel längs eines Kreises berührt. Die Kugel erscheint im Grund- und Aufriß als Kreis. Da die Kugel den Kegelmantel berührt, müssen die Umrißerzeugenden jeder Projektion den entsprechenden Kreis berühren. Die Umlegung der durch die Achse gehenden vertikalen Ebene hatten wir so gewählt, daß die Ebene um ihre Höhenlinie durch Q, den Kugelmittelpunkt, gedreht wird. Daher geht bei der Drehung der vertikale Kreis der Kugel, der in der vertikalen Ebene durch SQ liegt, in den waagerechten Kreis der Kugel über; dieser fällt aber zusammen mit dem Umriß der Kugel im Grundriß. Die Umlegung zeigt somit die wahre Gestalt des durch die Kegelachse gehenden Vertikalschnittes des Kegels mit der darin liegenden Kugel.

Der Grundkreis des Kegels durch den Punkt M der Achse erscheint im Grund- und Aufriß als Ellipse. Diese lassen sich in derselben Weise konstruieren wie die Randkreise des Zylinders in **1**. Dabei hat man lediglich zu beachten, daß die Ellipsen die vorher konstruierten Umrißerzeugenden berühren. Die Konstruktion der Berührungspunkte ist im Aufriß eingezeichnet (s. Band I, Abs. **28**).

6. Schnitt von Kegel und Gerade

Es sei 𝔈 eine Ebene durch die Spitze S des Kegels. Bezüglich der Lage von 𝔈 zum Kegel sind drei Fälle zu unterscheiden, nämlich 1. die Ebene schneidet den Kegel in zwei Mantellinien. Dieser Fall ist in Bild 11 ausgeführt. Die Ebene schneidet den Kegel in den Erzeugenden SA und SB; sie schneidet von dem Kegelkörper ein Segment ab, das von der dreieckigen Schnittfläche ASB begrenzt ist. Der Neigungswinkel der Ebene 𝔈 ist größer als der der Erzeugenden. 2. Ist der Neigungswinkel von 𝔈 gleich dem der Erzeugenden, so berührt 𝔈 den Kegel und hat eine Erzeugende mit dem Kegel gemeinsam. Die Grundrißspur der Ebene berührt den Grundkreis des Kegels. In Bild 11 ist in SC die Berührungserzeugende und die Grundrißspur der Ebene angedeutet. 3. Wenn die Neigung der Ebene 𝔈 kleiner als diejenige der Kegelerzeugenden ist, hat 𝔈 außer S keinen Punkt mit dem Kegel gemeinsam.

Bild 10 zeigt im Grund- und Aufriß den ersten Fall. Die Spur e_1 der Ebene 𝔈 ist gegeben. Sie schneidet den Grundkreis in den Punkten A, B. Die Geraden $S'A$ und $S'B$ sind die Grundrisse der Schnittgeraden von 𝔈 mit dem Kegelmantel. Lotet man A und B in den Aufriß (A'', B''), so sind $S''A''$ und $S''B''$ die Aufrisse der Schnittgeraden.

Die Tatsache, daß sich der Schnitt einer durch die Kegelspitze gehenden Ebene mit dem Kegelmantel so leicht bestimmen läßt, führt dazu, solche Ebenen als Hilfsebenen für andere Konstruktionen heranzuziehen. Ein besonders wichtiges Beispiel, das uns im nächsten Kapitel bei den Durchdringungen noch beschäftigen wird, ist die Bestimmung der Schnittpunkte einer Geraden g mit dem Kegelmantel. Bild 11 veranschaulicht den Vorgang. Um die Schnittpunkte von g mit dem Kegelmantel zu finden, legt man durch g diejenige Ebene 𝔈, die durch die Kegelspitze S geht. Diese schneidet in unserem Fall den Kegel in dem Dreieck ASB. Da g in der Ebene des Dreiecks liegt, müssen die Schnittpunkte von g mit SA und SB die gesuchten Durchstoßpunkte von g mit dem Kegelmantel sein.

Im Grund- und Aufriß (Bild 10) sind die Gerade g (g', g'') und die Projektionen des Kegelumrisses gegeben. Wir bestimmen zuerst die Grundrißspur e_1 der Hilfsebene 𝔈 durch g und S. Ein Punkt von e_1 ist der Grundrißspurpunkt T von g. Zur Bestimmung eines zweiten Punktes von e_1 wählen wir auf g einen beliebigen Punkt Q (Q', Q'') und verbinden S mit Q. Die Gerade SQ liegt in 𝔈; ihr Spurpunkt (R, R'') ist ein zweiter Punkt von e_1. Wenn e_1 den Grundkreis des Kegels schneidet, so besitzt die Gerade g mit dem Kegel zwei Schnittpunkte. Dies ist in Bild 10 der Fall. e_1 schneidet den Kreis in A, B. Die Projektionen der Schnittpunkte von g mit dem Kegel sind die Punkte, in denen g' die Geraden $S'A$, $S'B$ und g'' die Geraden $S''A''$, $S''B''$ trifft.

Wenn e_1 den Grundkreis berührt, so berührt g den Kegelmantel in dem Schnittpunkt von g mit der Berührungserzeugenden zwischen 𝔈 und dem Kegel. Hat schließlich e_1 keinen Punkt mit dem Grundkreis gemein, so geht auch g an dem Kegel vorbei.

7. Kegelschnitte; Ellipse, Parabel, Hyperbel

Die Kurven, die als Schnitt einer Ebene mit einem Drehkegel entstehen, sind von großer Bedeutung in der Mathematik und insbesondere der Geometrie. Über die Eigenschaften der Kegelschnitte gibt es eine umfangreiche Literatur, darunter zahlreiche Lehrbücher. Auch in der Darstellenden Geometrie wird meist den Kegelschnitten ein

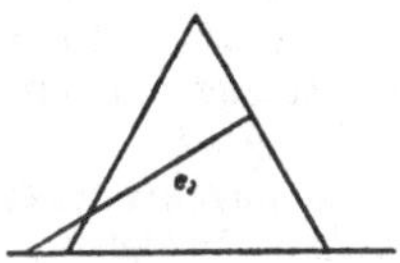

Bild 13.
Elliptischer Kegelschnitt

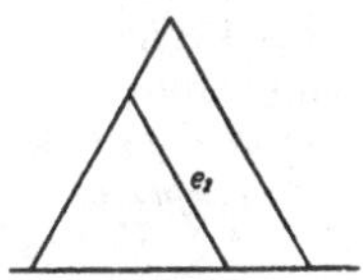

Bild 14.
Parabolischer Kegelschnitt

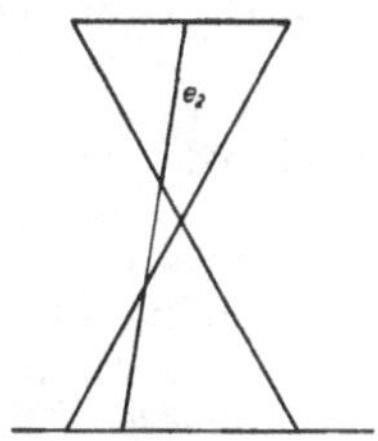

Bild 15.
Hyperbolischer Schnitt durch einen Doppelkegel

breiterer Raum gewidmet. Im Hinblick auf den beschränkten Umfang dieses Büchleins, welches hauptsächlich die technischen Anwendungen berücksichtigt, können die Kegelschnitte nur kurz behandelt werden.

Man unterscheidet drei Arten von Kegelschnitten je nach der Lage der Schnittebene zu den Erzeugenden des Kegels. In den Bildern 13 bis 15 werden die drei Fälle veranschaulicht. Die Bilder zeigen den Aufriß eines Kegels und die Aufrißspur e_2 der Schnittebene $\mathfrak{E}$. Dabei ist die Ebene $\mathfrak{E}$ senkrecht zur Aufrißebene gewählt, so daß die Schnittkurve im Aufriß als Gerade erscheint. Es sei vorausgesetzt, daß 𝔈 nicht durch die Kegelspitze geht. Wir beginnen mit einem kurzen Überblick und erläutern anschließend die einzelnen Arten.

Fall 1. Es gibt keine Erzeugende des Kegels, die zur Schnittebene 𝔈 parallel ist (Bild 13). Dann ist die Schnittkurve eine geschlossene Kurve und heißt Ellipse. Wir bringen später den Beweis, daß diese Definition der Ellipse mit der früheren als Parallelprojektion eines Kreises übereinstimmt.

Fall 2. Genau eine Kegelerzeugende ist parallel zur Schnittebene 𝔈 (Bild 14). Diese Erzeugende hat im Endlichen keinen Schnittpunkt mit 𝔈; daher ist die Schnittkurve keine geschlossene Kurve, sondern erstreckt sich bis ins Unendliche. Die Kurve nennt man *Parabel.*

Fall 3. Zwei Erzeugende des Kegels sind parallel zur Ebene 𝔈. Hier empfiehlt sich, statt des einfachen Kegels den Doppelkegel (Bild 15) zu betrachten. Die Ebene 𝔈 schneidet die beiden zu 𝔈 parallelen Erzeugenden überhaupt nicht (im Endlichen), die übrigen Erzeugenden teils auf dem unteren, teils auf dem oberen Teil des Doppelkegels. Die Schnittkurve besteht aus zwei getrennten Teilen, die man die beiden Äste einer *Hyperbel* nennt. *Bei Parallelprojektionen bleibt die Art des Kegelschnittes erhalten.*

Den Fall einer Parabelschnittkurve wollen wir als ersten näher untersuchen, und zwar beginnen wir vom Standpunkt der Darstellenden Geometrie mit der punktweisen Konstruktion der Kurve, in der die Ebene 𝔈, die zu einer Mantellinie des Kegels parallel ist, den Kegel schneidet. Das Verfahren läßt sich unverändert auf die beiden anderen Fälle übertragen. Gegeben sei in Bild 16 Grund- und Aufriß des Kegels sowie die Spuren e_1, e_2 der Ebene 𝔈. Dabei nehmen wir an, daß 𝔈 senkrecht zur Aufrißebene ist, also e_1 senkrecht zur Projektionsachse steht, und dann e_2 zu einer Umrißerzeugenden im Aufriß parallel läuft. Zur Bestimmung einiger Punkte der Schnittkurve von 𝔈 mit dem Kegel verwenden wir eine Anzahl waagerechter Hilfsebenen. Jede solche Hilfsebene schneidet den Kegel in einem Kreis und die Ebene 𝔈 in einer Höhenlinie. Im Aufriß erscheinen die waagerechten Kreise als Strecken, die Höhenlinien von 𝔈 als Punkte, im Grundriß dagegen Kreise und Höhenlinien unverzerrt. Betrachten wir als Beispiel den Punkt P'' der Aufrißspur e_2. Der Punkt P'' ist Aufriß von zwei Punkten P_1, P_2 der Schnittkurve. Die waagerechte Gerade durch P'' ist Aufriß des Kreises der durch P_1, P_2 gehenden waagerechten Hilfsebene. Das von den Dreiecksseiten begrenzte Stück der waagerechten Geraden ist gleich dem Durchmesser des Kreises. Der Kreis um M' mit dem Halbmesser $M''\,B$ ist der Grundriß des Parallelkreises durch P_1, P_2. Die durch P'' gehende Ordnungslinie enthält den Grundriß der Höhenlinie der Ebene 𝔈; ihr Schnitt mit dem Kreis um M' liefert die Grundrißpunkte P_1' und P_2' der Parabel.

Für die Ausführung der Zeichnung geht man im allgemeinen schematisch vor. Beginnend im Punkte T'' legt man waagerechte Geraden durch eine Anzahl Punkte von e_2, entnimmt daraus die Radien und zeichnet die Kreisschar im Grundriß um M'. Durch Herunterprojizieren der Punkte von e_2 erhält man auf den entsprechenden Kreisen die Punkte des Kegelschnittes. Man erkennt, daß sich das Verfahren auf jeden der drei Fälle anwenden läßt. Im wesentlichen ist die soeben beschriebene Bestimmung der Kegelschnitte schon in Dürers Unterweisungen 1525 enthalten. Darüber hinaus konstruiert Dürer sogar die wahre Gestalt der Kegelschnitte.

Bild 16 führt zu einem bekannten Satz über die Parabel. Um ihn zu erläutern, legen wir durch die Kegelspitze S eine waagerechte Ebene, die die Ebene 𝔈 in der Geraden l (l', l'') schneidet. Da e_2 parallel zur Mantellinie $S\,A$ des Kegels ist, gilt im Aufriß für den beliebig gewählten Punkt P_1 der Parabel: $P''\,Q'' = M''\,B$. Es ist aber $M''\,B$ gleich dem Radius des Parallelkreises, d. h. gleich $P_1'\,M'$. Also ist im Grundriß $P_1'\,Q' = P_1'\,M'$. Somit gilt: *Die Parabel ist der geometrische Ort der Punkte, deren senkrechter Abstand von der Geraden l' gleich ist dem Abstand von dem Punkt M'.* Man nennt l' die *Leitlinie*, M' den *Brennpunkt* der Parabel und T' ihren *Scheitel*. Die Gerade durch T', M' ist die *Parabelachse* und die Länge der Strecke $T'\,M'$ die *Brennweite*.

Sind von einer Parabel die Achse, der Brennpunkt und die Brennweite gegeben, so lassen sich ihre Punkte konstruieren. Trägt man nämlich auf der Verlängerung von $M'\,T'$ über T' hinaus die Brennweite $M'\,T'$ ab, so erhält man einen Punkt von l' und kann die Leitlinie l' senkrecht zur Achse zeichnen. Dann läßt sich jeder Punkt der Parabel so konstruieren, wie es für $1'$, $2'$, P_1' in Bild 16 angegeben ist.

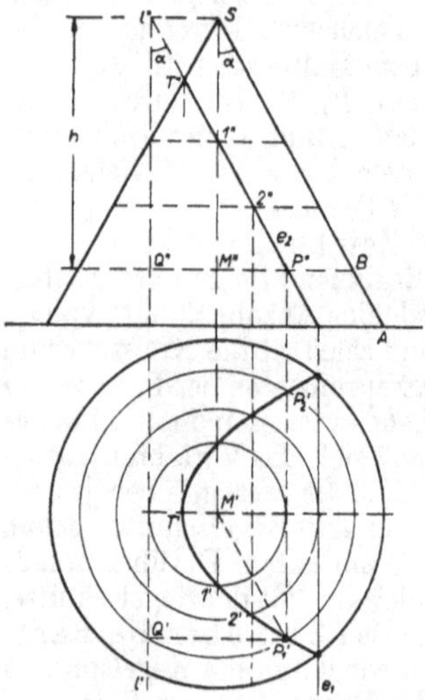

Bild 16.
Konstruktion des Schnittes von Kegel und Ebene (Parabel) mittels waagerechter Hilfsebenen

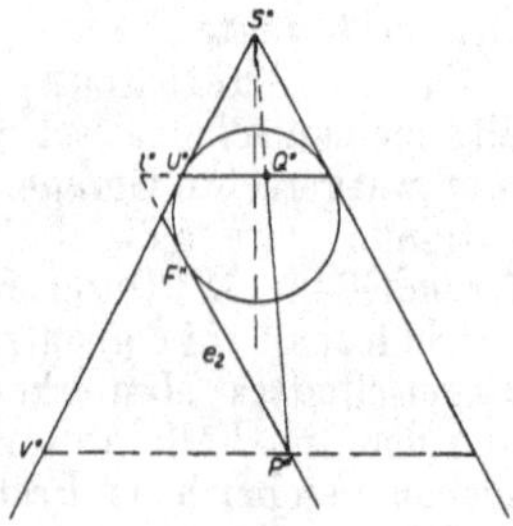

Bild 17.
Brennpunkt und Leitlinie der Schnittparabel

Unsere Überlegungen bezogen sich bis jetzt auf den Grundriß der Schnittkurve, nicht aber auf die Schnittkurve selbst. Benutzen wir den Satz über Brennpunkt und Leitlinie als Definition der Parabel, so können wir zeigen, daß diese auch von der Schnittkurve erfüllt ist. Bild 17 zeigt nochmals den Aufriß eines Kegels, der von einer Ebene 𝔈 mit der Spur e_2 geschnitten wird, so daß e_2 parallel zu einer Mantellinie ist. Wir können in den Kegel eine Kugel legen, die den Kegelmantel längs eines Kreises und gleichzeitig die Ebene 𝔈 berührt. Im Aufriß (Bild 17) erscheint diese Kugel als Kreis, der die Umrißmantellinien und e_2 berührt. Der Aufriß des Berührungskreises von Kugel und Kegel ist eine Gerade. Der Berührungspunkt der Kugel und der Ebene 𝔈 sei F. Wir wählen einen beliebigen Punkt P der Schnittkurve, verbinden P mit F und legen durch P die Mantellinie des Kegels, die die Kugel in Q berührt. Dann ist $PF = PQ$, da alle Tangentenabschnitte von einem Punkt an eine Kugel gleiche Länge haben. Ferner ist $PQ = UV$ als Mantellinien des Kegels zwischen zwei Parallelkreisen und $UV = U''V'' = P''l''$ als Seiten gleichschenkliger Dreiecke. Ist l die Schnittgerade von 𝔈 mit der Ebene des Berührungskreises, so erkennt man: *Der Abstand eines Punktes P der Schnittkurve vom Berührungspunkt F der Kugel ist gleich dem senkrechten Abstand des Punktes P von der Geraden l.* Das heißt aber: Die Schnittkurve ist eine Parabel, die F als Brennpunkt und l als Leitlinie besitzt. Damit ist für diesen Fall gezeigt, daß die Schnittkurve und ihr Grundriß Kegelschnitte gleicher Art sind.

8. Ellipse als Kegelschnitt

Eine ähnliche Überlegung wie am Ende des vorigen Abschnittes führt zu wichtigen Ergebnissen in dem Fall, daß die Schnittebene zu keiner Erzeugenden des Kegels parallel, also der Schnitt eine Ellipse ist. Bild 18 zeigt den Aufriß des Kegels und die Aufrißspur e_2 der Schnittebene 𝔈. Wir können zwei Kugeln in den Kegel hineinlegen, von denen jede den Kegelmantel in einem Parallelkreis und die Schnittebene in einem Punkt (F_1 bzw. F_2) berührt. In Bild 18 sind die Aufrisse der Kugeln sowie der beiden Parallelkreise und der Berührungspunkte eingezeichnet. Die Kugeln heißen die Dandelinschen Kugeln des Kegelschnittes.

Ist P irgendein Punkt des Kegelschnittes mit dem Aufriß P'', so verbinden wir P mit F_1 und F_2, ferner ziehen wir durch P die Mantellinie PS des Kegels. Dann ist $PF_1 = PQ$ und $PF_2 = PR$. Denn PF_1 und PQ sind zwei von P an die obere Kugel gehende Tangenten, die gleiche Länge haben. PF_2 und PR sind Tangenten von P an die untere Kugel. Addieren wir die Gleichungen, so folgt

$$PF_1 + PF_2 = RP + PQ = RQ = \text{const.}$$

Es ist nämlich $PR + PQ$ gleich dem Abschnitt der Mantellinie, der zwischen den beiden Parallelkreisen liegt, und daher unabhängig von der Lage des Punktes P auf der Schnittkurve. Nennen wir F_1 und F_2 die Brennpunkte des Kegelschnittes, so können wir den Inhalt der letzten Gleichung durch den Satz wiedergeben: *Die Ellipse ist der geometrische Ort der Punkte P, für welche die Summe der Entfernungen von zwei festen Punkten F_1, F_2 konstant ist.*

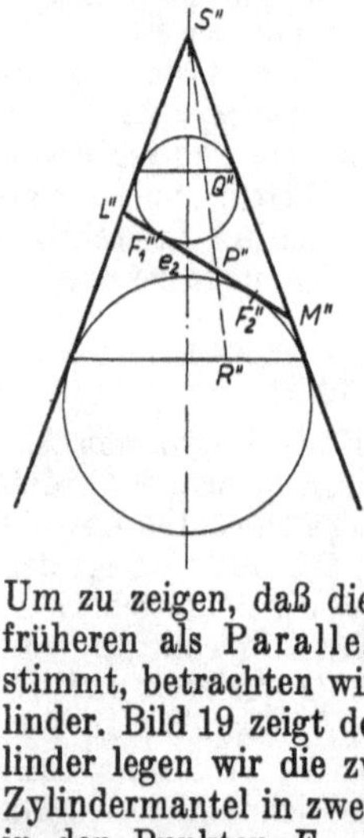

Bild 18. Dandelinsche Kugeln eines Kegelschnittes

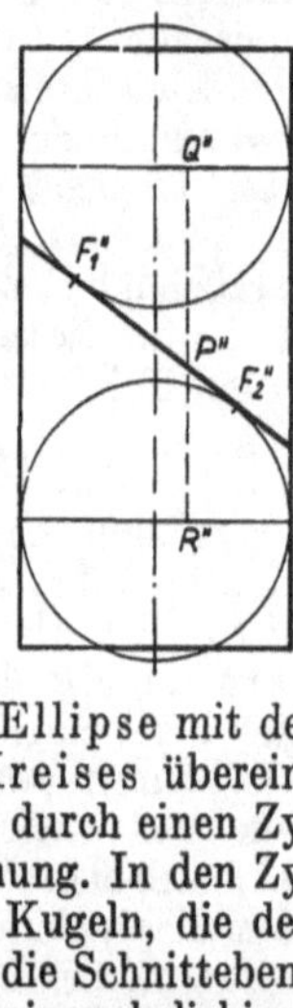

Bild 19. Dandelinsche Kugeln eines Zylinderschnittes

Um zu zeigen, daß diese Definition der Ellipse mit der früheren als Parallelprojektion des Kreises übereinstimmt, betrachten wir den ebenen Schnitt durch einen Zylinder. Bild 19 zeigt den Aufriß der Anordnung. In den Zylinder legen wir die zwei Dandelinschen Kugeln, die den Zylindermantel in zwei Parallelkreisen und die Schnittebene in den Punkten F_1, F_2 berühren. Durch einen beliebigen Punkt P der Schnittellipse ziehen wir die Mantellinie des Zylinders. Außerdem verbinden wir P mit F_1 und F_2. Dann ist ebenso wie oben beim Kegel $PF_1 = PQ$ und $PF_2 = PR$. Durch Addition folgt:

$$PF_1 + PF_2 = QR = \text{const.}$$

Das ist der Brennpunktsatz, der somit auch für die frühere Definition der Ellipse als Parallelprojektion des Kreises gilt.

Schließlich ist noch zu zeigen, daß jede nach dem Brennpunktsatz konstruierte Kurve eine Ellipse im Sinne der früheren Definition ist. Dazu beschreiben wir die Fadenkonstruktion der Ellipse. In Bild 20 seien die Brennpunkte F_1, F_2 und ein Punkt P der Kurve gegeben. Wir stecken in F_1 und F_2 je einen Stift (eine Nadel) in die Zeichnung und legen um $P\,F_1\,F_2$ einen geschlossenen, gespannten Faden. Die Länge des Streckenzuges $P\,F_1\,F_2$ ist die Fadenlänge. Bewegen wir P so, daß der Faden stets gespannt bleibt, so beschreibt P die Kurve. Aus Bild 20 erkennt man, daß die Gerade $F_1\,F_2$ Symmetrieachse der Kurve ist; denn durch Spiegelung des Dreiecks $F_1\,P\,F_2$ an der Geraden $F_1\,F_2$ entsteht ein kongruentes Dreieck. Ebenso ist die Mittelsenkrechte $(S_3 S_4)$ zu $F_1 F_2$ Symmetrieachse. Auf den Symmetrieachsen liegen die Scheitel der Kurve. Bezeichnen wir die Konstante, die auf der rechten Seite der Brennpunktsgleichung auftritt, mit $2a$, so gilt

$$P\,F_1 + P\,F_2 = 2a.$$

Läßt man P nach S_2 wandern und beachtet $R\,F_1 = R\,F_2$ (Bild 20), so folgt

$$S_2\,F_1 + S_2\,F_2 = 2\,R\,S_2 = 2a.$$

Lassen wir P nach S_3 wandern und setzen $F_1\,R = F_2\,R = e$, so wird

$$S_3\,F_1 + S_3\,F_2 = 2\,S_3\,F_1 = 2a$$

und nach dem Satz von Pythagoras

$$(S_3\,R)^2 = a^2 - e^2 = b^2.$$

Die Strecken $S_1\,S_2 = 2a$ und $S_3\,S_4 = 2b$ sind die Hauptachsen der Ellipse, die durch die Fadenkonstruktion erzeugt wurde. Aus Brennpunktabstand $2e$ und Fadenlänge $2(a + e)$ ergeben sich die Hauptachsen der Ellipse und umgekehrt. Es fehlt noch der Nachweis, daß jede Parallelprojektion einer Ellipse (die nicht in eine Strecke entartet) wieder eine Ellipse ist. Das zeigt aber sofort folgende einfache Überlegung: $\mathfrak{E}_1$ und $\mathfrak{E}_2$ seien zwei Ebenen, die sich in e schneiden. k sei eine in $\mathfrak{E}_1$ gelegene Ellipse. Durch Parallelprojektion in beliebiger Richtung (r) werde die Ellipse k in die Kurve k' von $\mathfrak{E}_2$ projiziert. Nun gibt es stets eine Projektionsrichtung (l), durch die die Ellipse k von $\mathfrak{E}_1$ in einen Kreis k_0 von $\mathfrak{E}_2$ projiziert wird. Das läßt sich leicht durch Umkehrung der Überlegungen von Band I, 27 einsehen. Wir zeichnen die Achsen von k, bringen sie zum Schnitt mit e und konstruieren in $\mathfrak{E}_2$ den Halbkreis h_1 über der Schnittstrecke. Ebenso bringen wir die Diagonalen des achsenparallelen Tangenten-Rechtecks von k zum Schnitt mit e und zeichnen in $\mathfrak{E}_2$ den Halbkreis h_2 auch über dieser Schnittstrecke. Verbinden wir den Mittelpunkt von k mit dem Schnittpunkt der beiden Halbkreise h_1, h_2, so haben wir die Projektionsrichtung (l), die k in einen Kreis k_0 von $\mathfrak{E}_2$ abbildet. Projizieren wir jetzt die ganze Konfiguration (k, k') nebst den Projektionsstrahlen (r) in Richtung (l) auf $\mathfrak{E}_2$, so entsteht in $\mathfrak{E}_2$ eine Affinität, die der Kurve k' den Kreis k_0 zuordnet, also ist k' eine Ellipse. Achse der Affinität ist e, Affinitätsrichtung ist das Bild der Projektionsstrahlen (r).

Ebenso wie für die Parabel gibt es auch für **Ellipse und Hyperbel eine Leitlinienkonstruktion.** In Bild 21 ist ein Kegel und eine zur Aufrißebene senkrechte, aber sonst beliebige Ebene $\mathfrak{E}$ durch ihre Spuren e_1, e_2 gegeben. Der Schnitt von $\mathfrak{E}$ mit dem Kegel erscheint im Aufriß als die

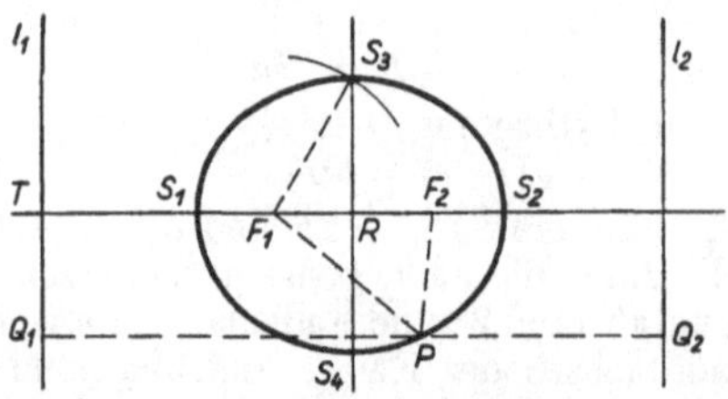

Bild 20. Fadenkonstruktion und Leitlinienkonstruktion der Ellipse

Strecke $1''\,3'_{\prime}$. Zur Konstruktion des Grundrisses der Schnittkurve verfahren wir in derselben Weise wie im Falle der Parabel (vgl. 7). Von einem Punkt der Schnittkurve kennen wir den Aufriß $2''$. Die waagerechte Ebene durch den Punkt schneidet den Kegel in einem Kreis, dessen Grundriß als Kreis um M' erscheint. Durch Herunterloten von $2''$

finden wir den Punkt $2'$ auf diesem Kreis. Die Ebene $\mathfrak{E}$ schneidet die waagerechte Ebene durch die Kegelspitze S in der Geraden l, deren Aufriß der Punkt l'' ist. Jetzt können wir aus dem Aufriß des Bildes 21 sofort die Beziehungen ablesen: $M''B : S''M'' = \operatorname{tg}\alpha$ und $2''Q'' : l''Q'' = \operatorname{tg}\beta$. Nun ist aber $S''M'' = l''Q''$ und im Grundriß $2'M' = M''B$; daher gilt für den Grundriß $2'$ des beliebig angenommenen Punktes

$$2'M' : 2'Q' = \frac{\operatorname{tg}\alpha}{\operatorname{tg}\beta} = \text{const.},$$

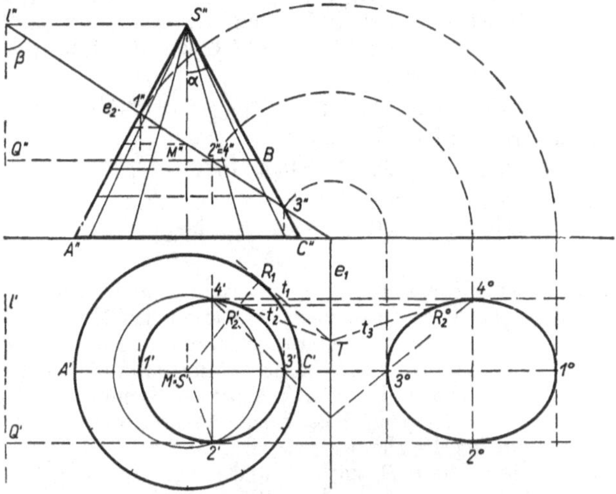

Bild 21. Ebener (elliptischer) Schnitt durch einen Kegel

denn es ist $2''Q'' = 2'Q'$. Für den Grundriß der Schnittkurve gilt somit der Satz: *Die Kurve ist der geometrische Ort aller Punkte, die von einem festen Punkt M' und einer festen Geraden l' konstantes Abstandsverhältnis haben.* Dieses Verhältnis heißt die (numerische) *Exzentrizität des Kegelschnittes* und ist für die Ellipse kleiner, für die Parabel gleich und für die Hyperbel größer als Eins. M' ist ein *Brennpunkt* und l' eine *Leitlinie* des Kegelschnittes. *Der Grundriß der*

Kegelspitze ist also ein Brennpunkt des Kegelschnittes, der den Grundriß der Schnittkurve darstellt.

Wir wollen noch für den elliptischen Fall zeigen, daß M' tatsächlich im Sinne der ersten Definition Brennpunkt der Grundrißellipse ist. Es sei der Punkt F_1 und die Leitlinie l_1 sowie das Abstandsverhältnis μ (kleiner als Eins) gegeben. In Bild 20 ist das Verhältnis 1:2 gewählt. Dann können wir die Ellipse punktweise konstruieren. Auf der Senkrechten zu l_1 durch F_1 liegen die Punkte S_1 und S_2 der Ellipse, für die $F_1S_1 : S_1T$ und $F_1S_2 : S_2T$ gleich dem gegebenen Teilverhältnis μ sind (d.h. im Bild 20 gleich 1:2). S_1S_2 ist die große Achse der Ellipse. Auf Grund der Konstruktion gelten die Gleichungen:

$$F_1S_1 = \mu \cdot (S_1T); \qquad F_1S_2 = \mu \cdot (S_2T)$$

und durch Addition:

$$\tfrac{1}{2}(F_1S_1 + F_1S_2) = \tfrac{1}{2}\mu \cdot (S_1T + S_2T).$$

Nennen wir a die große Halbachse der Ellipse, so zeigt Bild 20, daß wir die letzte Gleichung schreiben können:

$$a = \mu \cdot (RT),$$

wenn R der Mittelpunkt der Ellipse ist. Beschreiben wir um F_1 mit a einen Kreis, so schneidet dieser aus der Mittelsenkrechten zu S_1S_2 den kleinen Hauptdurchmesser der Ellipse aus. Damit sind die beiden Achsen bekannt, und wir können die Ellipse zeichnen. Die kleine Achse ist Symmetrieachse der Kurve. Es darf sich daher nichts ändern, wenn wir die ganze Figur um die kleine Achse, also die Gerade S_3S_4 umklappen. Dabei fällt F_1 nach F_2 und l_1 nach l_2. Es müssen F_2, l_2 wieder Brennpunkt und Leitlinie der Kurve mit dem gleichen Streckenverhältnis μ sein. Für einen beliebigen Ellipsenpunkt P folgen die Streckenbeziehungen:

$$PF_1 = \mu \cdot (PQ_1) \qquad PF_2 = \mu \cdot (PQ_2).$$

Addieren wir beide Gleichungen und beachten, daß $PQ_1 + PQ_2$ gleich dem Abstand der beiden parallelen Leitlinien ist, so erhalten wir

$$PF_1 + PF_2 = \text{const.} = 2a$$

in Übereinstimmung mit dem Brennpunktsatz.

9. Zeichnerische Durchführung des elliptischen Schnittes von Kegel und Ebene

Während wir im letzten Abschnitt vornehmlich geometrische Eigenschaften der Kegelschnitte aufdecken wollten, wenden wir uns jetzt zur praktischen Durchführung der Konstruktionen von Grund- und Aufriß eines ebenen Schnittes durch den Drehkegel für den elliptischen Fall. Nachdem wir wissen, daß die Schnittkurve und ihr Grundriß eine Ellipse ist, können wir in Bild 21 sofort die Hauptdurchmesser der Grundrißellipse bestimmen und diese zeichnen. Die durch die Kegelspitze gehende frontale Ebene schneidet den Kegel in den beiden Umrißmantellinien und enthält die große Achse *1 3* der Schnittellipse. Den Grundriß *1′ 3′* erhalten wir durch Herunterloten von *1″*, *3″* auf die durch *M′* gehende frontale Gerade. Der Mittelpunkt der Strecke *1 3* ist Mittelpunkt der Ellipse. Die waagerechte Ebene durch den Mittelpunkt schneidet den Kegel in einem Kreis, dessen Grundriß die kleine Ellipsenachse bestimmt. Nach Zeichnung der Grundrißellipse ist die Grund- und Aufrißprojektion des ebenen Schnittes durch den Kegel vollendet. Denken wir die Spitze des Kegels durch die Ebene abgeschnitten, so bleibt ein Restkörper, der *Kegelstumpf* heißt.

Ebenso wie in **3** für den Zylinder wollen wir uns die Aufgabe stellen, diesen Körper aus Papier oder Blech herzustellen, und fragen: Wie müssen wir das Material zuschneiden, damit wir durch geeignetes Verbiegen und Zusammenfügen den Kegelstumpf erhalten? Der Boden ist ein Kreis, der aus dem Grundriß unverzerrt zu entnehmen ist. Der Deckel ist die Schnittellipse, von der unsere Zeichnung bis jetzt nur Grund- und Aufriß enthält. Durch Umlegung der Schnittebene 𝔈 um ihre Grundrißspur e_1 in die Grundrißebene erhalten wir die wahre Gestalt der Ellipse. Durch die Umklappung von 𝔈 gelangen die Scheitelpunkte *1*, *2*, *3*, *4* der Ellipse in die Punkte $1^0, 2^0, 3^0, 4^0$ der Grundrißebene. Diese bestimmen die Hauptdurchmesser. Die Beziehungen zwischen dem Grundriß und der

Umlegung einer ebenen Figur sind aus Band I, Abs. 15 bekannt. Entsprechende Geraden schneiden sich auf der Drehachse. Daher müssen sich z. B. die Geraden $3'4'$ und $3^0 4^0$ auf e_1 schneiden.

Auf Grund dieser Beziehungen können wir auch die Tangenten in den Punkten der beiden Ellipsen konstruieren. Wir gehen von der räumlichen Anordnung aus, deren Grundriß wir in Bild 21 verfolgen können: Die Mantellinie SR_1 des Kegels trifft die Ebene 𝔈 und damit zugleich die Schnittellipse in R_2. Die Berührungsebene des Kegels längs der Mantellinie SR_1 schneidet die Grundrißebene in t_1 und die Ebene 𝔈 in der Geraden t_2. Die Geraden t_1 und t_2 treffen sich auf e_1 in T. Denn T ist der Schnittpunkt der drei Ebenen, nämlich der Grundrißebene, der Schnittebene 𝔈 und der Berührungsebene. Um im Punkt R_2' die Tangente an die Ellipse zu zeichnen (Bild 21), ziehen wir $R_2'M'$ bis R_1, legen in R_1 die Tangente an den Kreis und erhalten T auf e_1. Dann ist TR_2' Tangente der Ellipse des Grundrisses und, wie man sofort erkennt, TR_2^0 Tangente an die Umlegung der Ellipse.

Die Abwicklung des Kegelmantels wird in ähnlicher Weise ausgeführt wie diejenige der Oberfläche einer Pyramide (Band I, **23**, Bild 101, 102). Schneiden wir den Mantel eines Drehkegels längs einer Erzeugenden auf und breiten ihn in die Ebene aus, so entsteht ein Kreissektor (Bild 22). Die Peripherie des Kreissektors ist gleich dem Umfang des Kegelgrundkreises; der Radius ist gleich der wahren Länge der Mantellinien des Kegels, die man im Aufriß aus den Umrißerzeugenden entnehmen kann. Den Umfang des Grundkreises bestimmt man im allgemeinen angenähert durch ein einbeschriebenes Polygon, etwa ein 12- oder 24-Eck.

Um die Abwicklung des Kegelstumpfes zu erhalten, schneidet man den Mantel am besten längs der kürzesten Erzeugenden des Stumpfes auf. Das ist im Bild 21 die Mantellinie $C3$. Von Punkt C' des Grundrisses beginnend teilen wir den Grundkreis in 12 oder 24 Teile und legen durch die Teilpunkte die Mantellinien, deren Aufrisse gezeichnet werden. Da die Ebene ASC Symmetrieebene des Körpers ist, genügt es, die Teilung auf einer Hälfte auszuführen. Durch Mongesche Drehung um die Kegelachse bringen wir die Mantellinien in eine der beiden Umrißerzeugenden; dabei beschreiben ihre Schnittpunkte mit der Ebene 𝔈 (bzw. mit der Ellipse) waagerechte Kreise. Jetzt können wir die wahren Längen der von 𝔈 auf den Mantellinien abgeschnittenen Strecken von S'' A'' des Aufrisses in die Abwicklung (Bild 22) übertragen. Wir erhalten eine Punktfolge, die durch eine glatte Kurve zu verbinden ist.

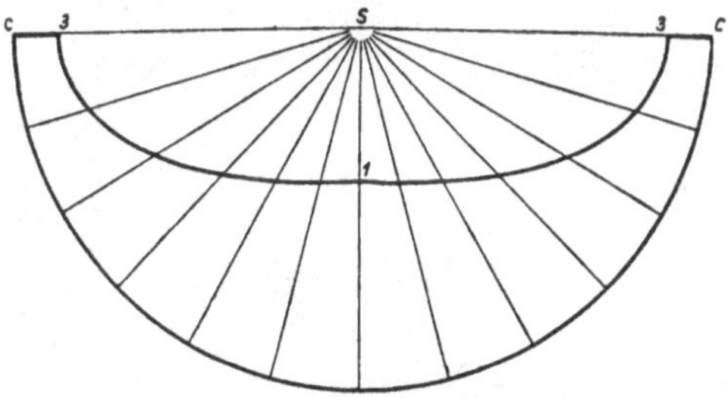

Bild 22. Abwicklung des Kegelstumpfmantels

Die Erzeugende $S\,1$ ist Symmetrielinie der Abwicklungsfigur. Da die Strecke $C\,3$ die kürzeste Mantellinie des Stumpfes ist, muß die Tangente der Schnittkurve in 3 senkrecht zur Mantellinie $S\,C$ verlaufen. Lediglich die zufällige Anordnung des Bildes 21 bedingt es, daß in dem Kreissektor von Bild 22 der Streckenzug $C\,S\,C$ nahezu geradlinig ist.

10. Hyperbolischer Schnitt von Kegel und Ebene

Der hyperbolische Fall des Schnittes von Kegel und Ebene tritt in den technischen Anwendungen meist nur in der Art auf, daß die Schnittebene 𝔈 parallel zur Achse des Kegels ist. Wir nehmen an, die Ebene 𝔈 sei frontal. Bild 23 zeigt Grund-, Auf- und Seitenriß eines Doppelkegels und die Grundrißspur e_1 sowie die Seitenrißspur e_3 der frontalen Ebene 𝔈. Grundriß und Seitenriß der Schnittkurve entarten in Strecken, und zwar wird der Grundriß durch die Kreissehne AB, der Seitenriß durch $S_1'''A'''$ und $S_2'''\overline{A}'''$ gegeben. Im Aufriß erscheinen die beiden Äste der Schnitthyperbel in wahrer Gestalt, da die Ebene 𝔈 frontal angenommen wurde.

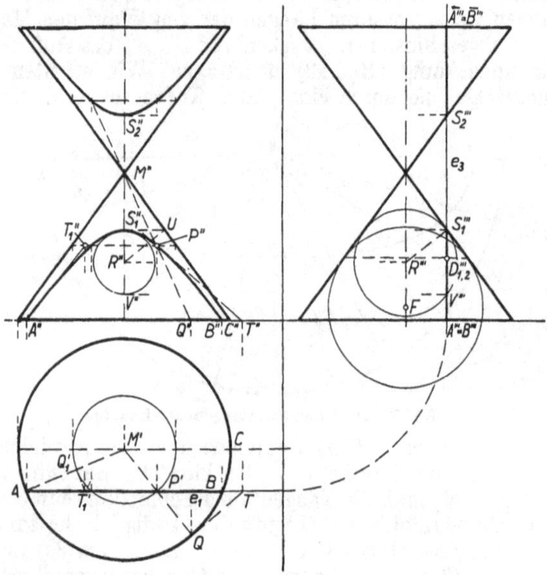

Bild 23. Hyperbel als Schnitt eines Doppelkegels mit einer achsenparallelen Ebene

Für die Aufrißhyperbel geben wir zunächst ein Verfahren zur punktweisen Konstruktion an. P sei ein beliebiger Punkt der Hyperbel; sein Grundriß P' ist bekannt. Durch P gehen ein Parallelkreis und eine Erzeugende des Kegels. Diese zeichnen wir zuerst im Grundriß und dann durch Heraufprojizieren im Aufriß. Der Parallelkreis erschein im Aufriß als Strecke. Der Schnittpunkt der Aufrisse dieser beiden Hilfslinien ist der Punkt P'' des Hyperbelaufrisses. Natürlich genügt es auch, wenn man eine der beiden Hilfslinien und die Ordnungslinie durch P' verwendet.

Auch die Tangente der Hyperbel im Punkt P (bzw. P'') läßt sich leicht angeben. Wir gehen davon aus, daß die Tangente der Hyperbel, die ja auf dem Kegelmantel liegt, in der Tangentenebene des Kegels im Punkt P liegen muß. Die Tangentenebene berührt den Kegel längs der Mantellinie MP; ihre Grundrißspur ist die Kreistangente QT. Die Hyperbeltangente liegt sowohl in $\mathfrak{E}$ als auch in der Tangentenebene. Sie ist die Schnittgerade dieser beiden Ebenen und besitzt daher T als Grundrißspurpunkt. Projizieren wir T in den Aufriß, so ist $P''T''$ der Aufriß der Hyperbeltangente im Punkt P''.

Ausgehend von dieser Tangentenkonstruktion können wir die Asymptoten der Hyperbel erklären. Wir denken uns den Doppelkegel nach beiden Seiten unbegrenzt. Lassen wir den Punkt P auf der Schnittkurve wandern, etwa so, daß sich P' auf e_1 nach rechts bewegt, so läuft der zugehörige Punkt Q auf dem Parallelkreis in Richtung auf C. Ist P' hinreichend weit nach rechts herausgewandert, so nähert sich Q dem Punkt B. Dabei bewegt sich T so, daß T'' gegen C'' strebt. Die Tangente $T''P''$ der Hyperbel nähert sich der Umrißerzeugenden $M''C''$ des Kegels. Wandert P bis ins Unendliche, so fällt die Tangente mit der Umrißerzeugenden zusammen. Man sagt, die Umrißerzeugenden berühren die Hyperbel im Unendlichen; sie heißen die *Asymptoten der Hyperbel.* Damit soll jedoch nur zum Ausdruck gebracht werden, daß sich die Hyperbel immer mehr der Umrißmantellinie nähert, je weiter sich der Hyperbelpunkt P'' vom Scheitel S_1'' oder S_2'' entfernt. Wir wollen das Ergebnis in folgendem Satz zusammenfassen: *Wird ein Drehkegel von einer frontalen, zur Kegelachse parallelen Ebene geschnitten, so sind die Umrißmantellinien die Asymptoten der Aufrißhyperbel.* Jede Hyperbel besitzt zwei Asymptoten; sie fallen aber nur in diesem Sonderfall mit den Umrißmantellinien zusammen.

Der Aufriß M'' der Kegelspitze ist der *Mittelpunkt der Hyperbel.* Eine durch M'' gehende Gerade, die die Hyperbel überhaupt schneidet, trifft die beiden Zweige so, daß die ausgeschnittene Strecke durch M'' halbiert wird (Bild 23). Diese Strecke heißt ein *Durchmesser der Hyperbel.* Ähnlich wie bei der Ellipse gilt auch hier, daß die Tangenten in den Endpunkten eines Durchmessers einander parallel sind.

Die angegebene Tangentenkonstruktion versagt für die Hyperbelpunkte A und B des Kegelgrundkreises. Zur Bestimmung der Tangenten in diesen Punkten verwendet man irgendeinen anderen Parallelkreis des Kegels. Im Bild 23 wurde der durch P gehende Parallelkreis benutzt. Die Mantellinie MA trifft den Parallelkreis in Q_1. Die Kreistangente in Q_1 trifft $\mathfrak{E}$ in T_1. Die Hyperbeltangente ist die Gerade $A'' T_1''$ im Aufriß.

Für das Zeichnen der Hyperbel ist es besonders vorteilhaft, den Krümmungskreis im Scheitel zu kennen. Wir geben zunächst die einfache Konstruktion des Mittelpunktes R'' des Krümmungskreises an und erläutern anschließend ihr Zustandekommen. Die Scheiteltangente schneidet die eine Asymptote in U (Bild 23). Errichtet man in U die Senkrechte auf der Asymptote, so trifft diese die Achse der Hyperbel im Krümmungsmittelpunkt R''. Der Kreis um R'' durch S_1'' ist der Krümmungskreis.

Zur Begründung der Konstruktion legen wir in den Kegel eine Kugel, die den Kegel längs des durch den Scheitel S_1 gehenden Parallelkreises berührt (vgl. den Seitenriß in Bild 23). Der Schnittkreis dieser Kugel mit $\mathfrak{E}$ ist der Krümmungskreis der Hyperbel, sein Seitenriß ist die Strecke $S_1''' V'''$. Offensichtlich muß dieser Kreis die Hyperbel berühren. Daß er Krümmungskreis ist, d. h. besonders innig berührt, zeigt die folgende Überlegung. Wir legen eine größere Kugel in den Kegel. Der Parallelkreis, längs dessen sie den Kegel berührt, schneidet die Hyperbel in zwei Punkten D_1 und D_2, deren Seitenrisse zusammenfallen. Der Schnittkreis dieser Kugel mit $\mathfrak{E}$ berührt die Hyperbel in D_1 und D_2, da die Kugel den Kegel in D_1, D_2 berührt. Lassen wir die Kugel allmählich kleiner werden, so daß ihr Mittelpunkt F stetig nach R wandert, so nähern sich die Berührungspunkte D_1, D_2 dem Punkt S_1 und fallen schließlich in diesem zusammen. Daher findet in S_1 eine doppelt zählende Berührung mit dem Schnittkreis statt. Weitere Hyperbelkonstruktionen werden am Ende des Abs. **14** angegeben.

In Band I, **28** (III) hatten wir die Konstruktion der Krümmungskreise in den Scheiteln einer Ellipse ohne Beweis angeführt. Die Überlegungen, die wir soeben für die Hyperbel angestellt haben, lassen sich auch auf die Ellipse anwenden, dabei geht man besser von einem Zylinder aus. Bild 23a zeigt den Aufriß eines Zylinders, der von einer zur

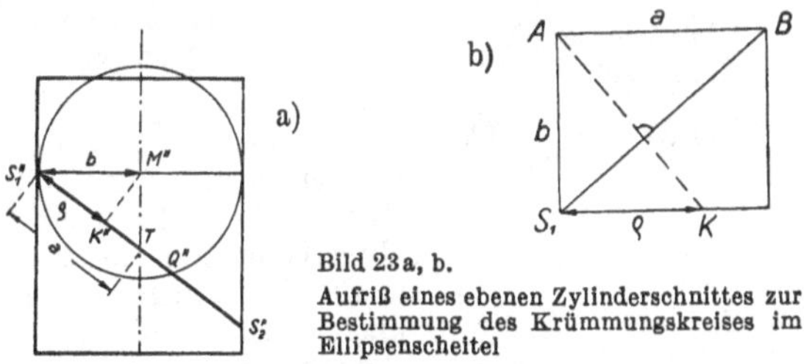

Bild 23a, b.
Aufriß eines ebenen Zylinderschnittes zur Bestimmung des Krümmungskreises im Ellipsenscheitel

Aufrißebene senkrechten Ebene $\mathfrak{E}$ geschnitten wird. Die Schnittellipse hat den Aufriß $S_1''S_2''$. Die Kugel um M durch S_1 schneidet $\mathfrak{E}$ in dem Krümmungskreis der Ellipse im Scheitel S_1. Der Aufriß des Kreises ist die Strecke $S_1''Q''$. Der Krümmungsradius ϱ erscheint in wahrer Länge ($\varrho = S_1''K''$) Nennen wir a und b die Halbachsen der Ellipse (b ist gleichzeitig Zylinderradius, s. Bild 23a), so folgt aus dem rechtwinkligen Dreieck $S_1''M''T$ die Proportion $\varrho : b = b : a$ (Satz von Euklid).

Fällen wir in dem Rechteck mit den Seiten a, b (Bild 23b) das Lot von A auf die Diagonale, so ist das Dreieck KS_1A ähnlich zu S_1AB und daher $\varrho : b = b : a$. Damit ist die Konstruktion wenigstens für den Krümmungsmittelpunkt des Scheitels der großen Achse bewiesen. Auf den Beweis für den Scheitel der kleinen Achse, zu dem man den Grundriß der Figur benutzt, wollen wir hier nicht eingehen.

11. Bleistiftspitze und Schraubenkopf

Eine allgemein bekannte Anwendung des Schnittes von Kegel mit Ebenen, die zur Kegelachse parallel sind, bietet der Bleistiftspitzer, der einen sechskantigen Bleistift kegelförmig abschneidet. Ebenso bekannt ist der Schraubenkopf und die Sechskant-Schraubenmutter, bei denen ein sechskantiges Prisma konisch abgedreht wird. Wir wollen die Schnitthyperbeln des Kegels mit den Ebenen des Sechskantes in Grund- und Aufriß konstruieren (Bild 24).

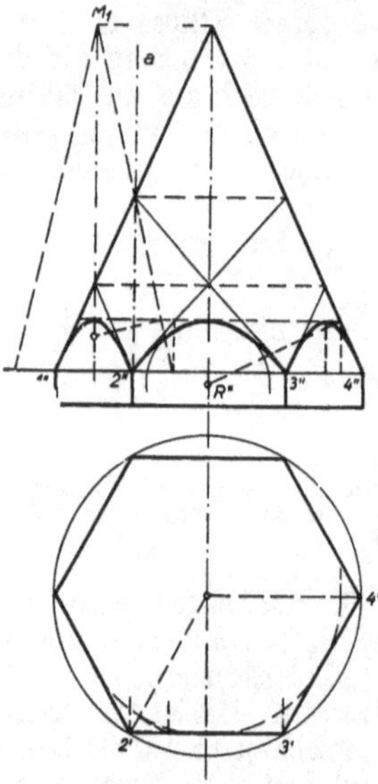

Bild 24.
Schnitt von Sechskant mit koaxialem Kegel (Bleistiftspitze)

Da hier nur je ein kleines Stück eines Hyperbelzweiges vorhanden ist, wäre es töricht, eine größere Zahl einzelner Hyperbelpunkte zu konstruieren. Es sei allgemein darauf hingewiesen, daß man die Genauigkeit einer Zeichnung nicht durch eine recht große Zahl einzelner Kurvenpunkte erhöhen kann, sondern im Gegenteil, daß die kleinen Fehler, die bei der zeichnerischen Konstruktion der Punkte notwendig auftreten, die Zeichnung nur verschlechtern. In dem vorliegenden Falle ist es völlig ausreichend, die *Hyperbeltangenten* in den Punkten *1''*, *2''*, *3''*, *4''* zu zeichnen und die S c h e i t e l k r e i s e zu bestimmen.

In Bild 24 ist die mittlere Hyperbel frontal; ihr Aufriß läßt sich nach den Ausführungen des vorigen Abschnittes zeichnen. Von den Seitenhyperbeln kann man im Aufriß sofort Scheitel, Achse und die Tangenten in den Punkten *1''*, *4''* angeben, da der Aufriß die Umrißmantellinien des Kegels berührt. Das beruht auf einer allgemeinen Eigenschaft der Projektion krummer Flächen. Der Aufriß *c''* einer Kurve des Kegels kann niemals die Umrißmantellinien überschneiden. Wenn also *c''* einen Punkt mit dem Umriß gemeinsam hat und in diesem Punkt eine Tangente besitzt (3), so muß diese mit der Umrißmantellinie zusammenfallen.

Zur Konstruktion der Scheitelkreise des Aufrisses der seitlichen Hyperbel brauchen wir ihre Asymptoten. Die wahre Gestalt der Hyperbel *1 2* ist gleich derjenigen von *2 3*. Im Aufriß werden die Höhenlinien der seitlichen Schnittebenen auf die Hälfte verkürzt. Die Asymptoten der linken Hyperbel gehen durch den Mittelpunkt M_1 und schneiden aus der Geraden *1''4''* einen Abschnitt aus, der gleich der Hälfte von *1''4''* ist. Jetzt können wir die Asymptoten und daher auch die Scheitelkreise zeichnen.

Bild 24 gibt zu einigen geometrischen Betrachtungen Veranlassung. Die sechs Hyperbeln sind zueinander kongruent. Im Aufriß können wir daher den Bogen *2''3''* als die Umklappung des Bogens *1 2* der seitlichen Hyperbel ansehen, in derselben Weise, wie wir früher die wahre Gestalt einer ebenen Figur bestimmt haben. Zwischen der Projektion und der Umklappung besteht eine Affinität, deren Achse die Drehachse ist. Bogen *1''2''* ist affin zu *2''3''*. Affinitätsachse ist die Vertikale durch *2''*. Die Ordnungslinien der Affinität sind senkrecht zur Achse. Daraus folgen die Beziehungen zwischen den Tangenten und Asymptoten der Hyperbeln, die in Bild 24 angedeutet sind.

II. Durchdringungen von Zylindern, Kugeln, Kegeln

Für die technischen Anwendungen der Darstellenden Geometrie sind die Konstruktionen der Schnittkurven oder der Durchdringung zweier krummer Flächen, insbesondere von Zylinder-, Kegel- und Kugelflächen von hervorragender Bedeutung. Sie sollen deshalb hier ausführlich behandelt werden; dabei empfiehlt es sich, zwei häufig vorkommende Sonderfälle der allgemeinen Untersuchung voranzustellen. Unter gewissen Voraussetzungen sind die Schnittkurven zweier solchen Flächen ebene Kurven, Kegelschnitte, deren Projektionen nach den oben beschriebenen Verfahren gezeichnet werden können. In einigen anderen Fällen sind zwar die Schnittkurven selbst allgemeinerer Art, aber ihre Projektionen sind Kegelschnitte.

12. Kegelschnitte als Durchdringungskurven

a) Zwei Zylinder. *Zwei Drehzylinder von gleichem Durchmesser, deren Achsen sich schneiden, besitzen als Durchdringungskurven ein Ellipsenpaar.* Um das einzusehen, wählen wir die Aufrißebene zu den beiden Zylinderachsen parallel und die Grundrißebene senkrecht zur Achse eines der beiden Zylinder (Bild 25). Die geometrische Anordnung besitzt drei Symmetrieebenen. Die erste ist die Ebene 𝔈, die durch die beiden Zylinderachsen aufgespannt wird. Sie ist parallel zur Aufrißebene und hat die Grundrißspur e_1. Die beiden anderen Symmetrieebenen 𝔉 und 𝔋 sind senkrecht zur ersten (und in unserem Falle senkrecht zur Aufrißebene) und halbieren die Winkel der beiden Zylinderachsen; ihre Aufrißspuren sind mit f_2 und h_2 bezeichnet. Die Ebene 𝔋 schneidet beide Drehzylinder unter dem gleichen Winkel. Daraus folgt aber, daß beide Zylinder von 𝔋 in der gleichen Ellipse geschnitten werden. Diese ist daher ein Teil der Durchdringungskurve. Das gleiche gilt für die Ebene 𝔉. Die Durchdringungskurve zerfällt somit in ein Ellipsenpaar,

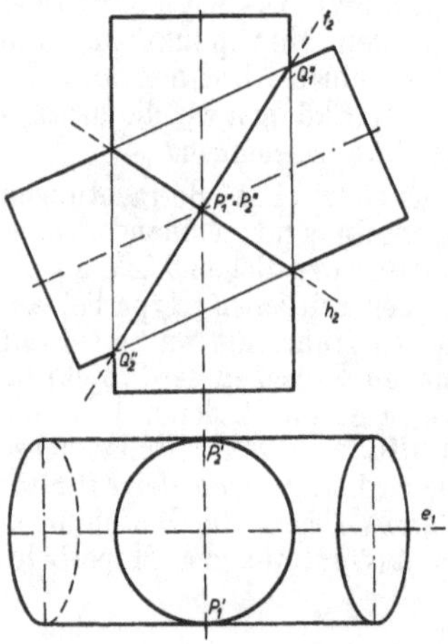

Bild 25.
Rohrkreuzung (die Durchdringungskurve zweier Zylinder mit zwei gemeinsamen Berührungsebenen zerfällt in zwei Ellipsen)

dessen Ellipsen sich in den Punkten P_1, P_2 schneiden. Man nennt P_1 und P_2 *Doppelpunkte* der Schnittkurve. In P_1 und P_2 haben die beiden Zylinder gemeinsame Berührungsebenen.

Zylinderdurchdringungen der soeben beschriebenen Art begegnen uns in vielen technischen Anwendungen. Beispiele sind neben der Rohrkreuzung, die Bild 25 wiedergibt, die Rohrabzweigung (Bild 26) und verschiedene Ausführungen des Rohrknies (Bild 27, 28). Im Bauwesen ist das sog. Kreuzgewölbe ein Beispiel für eine Durchkreuzung

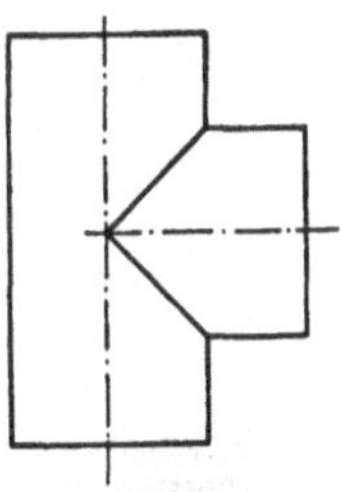

Bild 26.
Rohrabzweigung

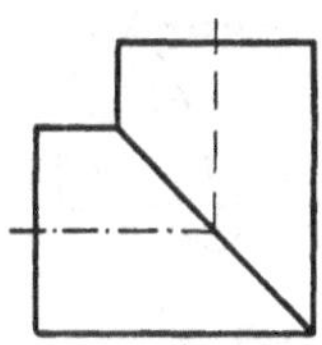

Bild 27.
Einfaches Rohrknie

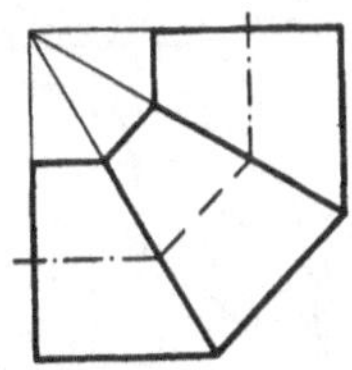

Bild 28.
Rohrknie

kongruenter Zylinder. Bild 29 zeigt ein Kreuzgewölbe in Kavalierperspektive. Das Gewölbe besteht aus zwei kongruenten Halbzylindern, deren Achsen sich senkrecht schneiden. Der Grundriß ist ein Quadrat, dessen Diagonalen den Grundriß der Durchdringungsellipsen darstellen. Die Zeichnung beginnt man mit der Kavalierperspektive dieses Grundrißquadrates. Es ist in Bild 29 dünn angedeutet. Dann zeichnet man die beiden Halbzylinder gemäß **2**. Von den Schnittellipsen kann man sofort je ein Paar konjugierter Durchmesser angeben. Die Vertikale SB durch den Diagonalenschnittpunkt, deren Länge gleich dem Zylinderhalbmesser ist, stellt den einen, die Strecke AB bzw. CB den dazu konjugierten Halbmesser dar. In Bild 29 sind die entsprechenden, den Halbellipsen umschriebenen

Parallelogramme angedeutet. Im übrigen dürfte die Zeichnung keine Schwierigkeiten bieten.

b) Zylinder-Kegel. Auch Zylinder und Kegel können sich so schneiden, daß die Schnittkurve in zwei Ellipsen zerfällt. Bild 30 zeigt die Anordnung. Die Aufrißebene wählen wir parallel zu den Achsen beider Körper, die Grundrißebene senkrecht zur Kegelachse. Der Seitenriß zeigt, in welcher Weise der Zylinder den Kegel durchdringt. Die Schnittkurve zerfällt in zwei Ellipsen, also zwei ebene Kurven, wenn Zylinder und Kegel zwei gemeinsame Berührungsebenen besitzen. Diese be-

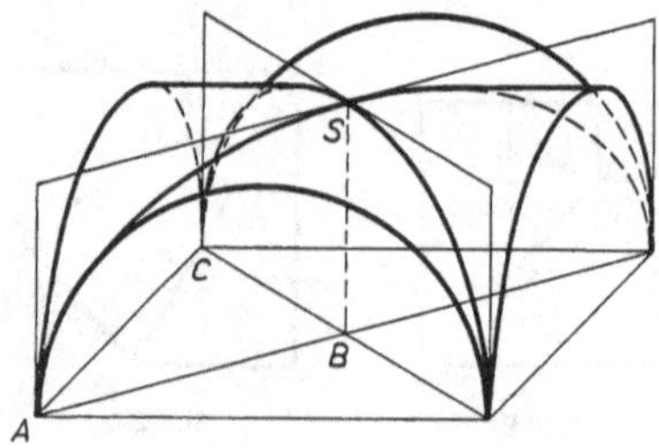

Bild 29. Kavalierperspektive eines Kreuzgewölbes

rühren die Körper in den Punkten P_1 bzw. P_2. Die Punkte P_1, P_2 sind zwei Punkte der Durchdringungskurve. Wir können leicht vier weitere Punkte angeben, die dem Kegel und dem Zylinder gemeinsam sind und daher der Durchdringungskurve angehören. Die Ebene durch die beiden Achsen schneidet den Kegel und den Zylinder in den Umrißmantellinien des Aufrisses. Die Schnittpunkte der Umrißmantellinien (z. B. A, B) sind also Punkte der Durchdringungskurve. Um zu zeigen, daß die Durchdringungskurve aus zwei Ellipsen besteht, betrachten wir den Schnitt der durch A, P_1, B, (P_2) gehenden Ebene $\mathfrak{E}$ mit den beiden Körpern. Die Ebene ist senkrecht zur Aufrißebene, ihre Aufrißspur ist die Gerade $A''B''$. Jeder der beiden Körper wird von $\mathfrak{E}$ in einer Ellipse geschnitten. Was wir zeigen müssen, ist lediglich, daß die beiden Ellipsen in eine zusammenfallen. Nach dem Vorausgegangenen haben sie die große Achse $A B$ und den Punkt P_1 gemeinsam. Nach Band I, Abs. **28** ist aber eine Ellipse durch die große Achse und einen Punkt völlig bestimmt. Die Ebene 𝔈 schneidet also beide Körper in der gleichen Ellipse. Die gleiche Überlegung gilt für die zweite Ellipse des Schnittpaares.

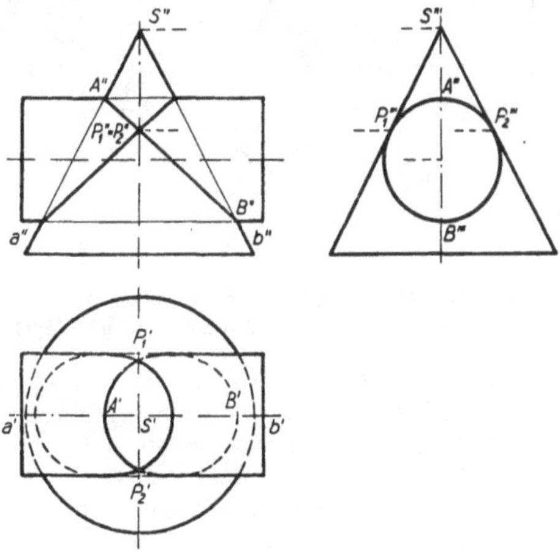

Bild 30. Durchdringung von Zylinder und Kegel, Durchdringungskurve zerfällt in zwei Ellipsen

Es gibt zahlreiche technische Anwendungen derartiger Durchdringungen von Zylinder und Kegel. Als Beispiel zeigt Bild 31 ein zylindrisches Rohr mit konischer Düse. Im Seitenriß erscheint der Zylinder als Kreis, der von den Umrißmantellinien des Kegels berührt wird. Wir können der Anordnung auch eine andere geometrische Deutung geben: Um den Schnittpunkt der Achsen von Kegel und Zylinder als Mittelpunkt legen wir eine Kugel, die den Zylinder berührt. Diese Kugel berührt dann auch den Kegel, wie sofort aus dem Seitenriß ersichtlich ist, denn den Kreis um M''' können wir als Seitenriß der Kugel deuten. Im

Aufriß erscheint die Kugel als Kreis um M'', der von den Umrißerzeugenden des Zylinders und des Kegels berührt wird. Mit dieser gemeinsamen Berührungskugel läßt sich der Aufriß der Durchdringung konstruieren, ohne Benutzung einer zweiten Projektion. Sind die Achsen a, b der

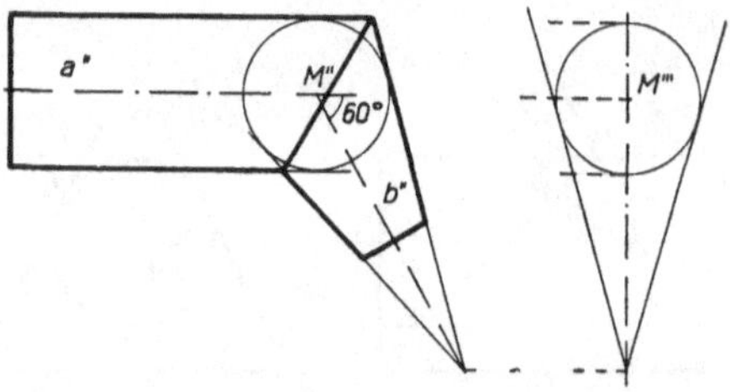

Bild 31. Zylindrisches Rohr mit konischer Düse. Gemeinsame Berührungskugel von Zylinder und Kegel

Körper im Aufriß bekannt, so beschreibt man um den Schnittpunkt M'' den Kreis, der die Umrißgeraden des Zylinders berührt, und legt an diesen Kreis gemäß der Düsenverjüngung die zu b'' symmetrischen Tangenten. Die Schnittellipse erscheint als Verbindungsgerade der Schnittpunkte der Umrißerzeugenden.

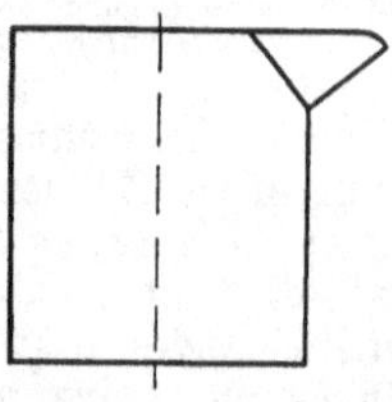

Bild 32. Gießpfanne

Als zweites Beispiel sei die Gießpfanne erwähnt, ein zylindrisches Gefäß mit Ausgußvorrichtung, die ein Stück eines Kegelmantels darstellt (Bild 32).

c) Zwei Kegel. Dieselben Überlegungen führen zur Konstruktion der Durchdringungskurve zweier Kegel, die eine gemeinsame Berührungskugel besitzen, in deren Mittelpunkt sich die beiden Kegelachsen schneiden. Auch hier zerfällt die Schnittkurve in zwei Ellipsen. Bild 33 zeigt ein Beispiel.

Will man die sich durchdringenden Körper aus Blech anfertigen, so sind die Oberflächen in die Ebene abzuwickeln. Das geschieht in ähnlicher Weise, wie in **3** und **9** für Zylinder und Kegel beschrieben wurde, so daß hier keine Erläuterungen nötig sind.

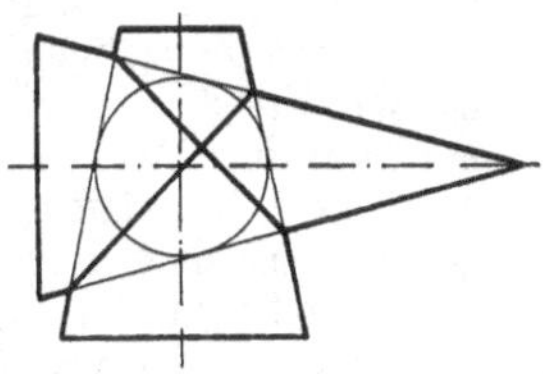

Bild 33.
Durchdringung von zwei Kegeln mit gemeinsamer Berührungskugel

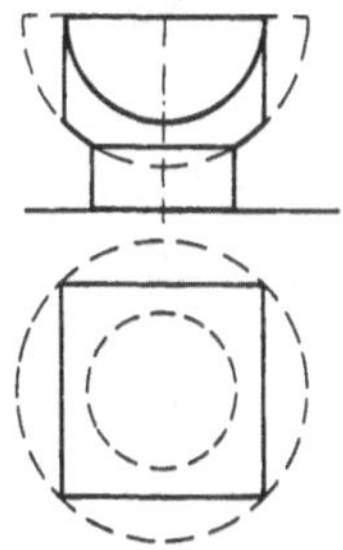

Bild 34. Säulenkapitell

d) Kugeln. Die Durchdringungskurve einer Kugel mit einem Zylinder oder Kegel, dessen Achse durch den Kugelmittelpunkt geht, ist stets ein Kreis. Die zeichnerische Ausführung dieser Durchdringungen bietet nichts Neues. Als praktisches Beispiel zeigt Bild 34 ein Säulenkapitell. Es entsteht als Durchdringung eines vertikalen Zylinders (der Säule) mit einer Halbkugel. Die Durchdringungskurve ist ein waagerechter Kreis.

Bild 35 zeigt schließlich die Durchdringung zweier Kugeln. Wenn sich die Kugeln überhaupt schneiden, so ist die Schnittkurve ein Kreis, dessen Ebene senkrecht auf der Verbindungsgeraden der Kugelmittelpunkte (*Zentrale*) steht. Ist die Aufrißebene zur Zentrale parallel, so erscheint der Aufriß des Schnittkreises als Strecke, die gemeinsame Sehne beider Umrißkreise ist. Der Grundriß des Schnittkreises ist eine Ellipse, wenn die Zentrale nicht waagerecht verläuft.

Die Konstruktion der Ellipse ist bekannt. Beim Zeichnen ist jedoch darauf zu achten, ob und an welchen Punkten die Ellipse die Umrißkreise der beiden Kugeln berührt. Der Schnittkreis der beiden Kugeln schneidet die waagerechten Großkreise in den Punkten *1*, *2* bzw. *3*, *4*, deren Aufrisse bekannt sind. Durch Herunterloten findet man die Punkte *1'*, *2'* und *3'*, *4'*, in denen die Ellipse die Kugelumrisse berührt. Der Umriß der großen Kugel ist der Kreisbogen *1' A 2'*; er ist sichtbar. Dagegen wird der Umriß der kleinen Kugel, der aus dem Bogen *3' B 4'* besteht, zum Teil durch die große Kugel verdeckt. Um Irrtümer zu vermeiden sei darauf hingewiesen, daß der Bogen *1' 2'* nicht ein Stück des Umrißkreises, sondern der Ellipse ist.

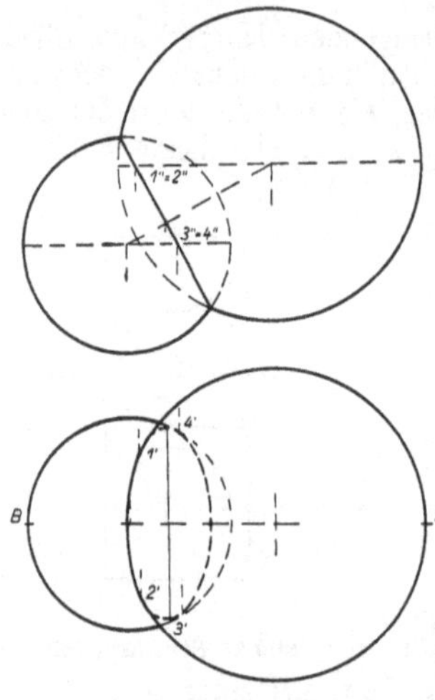

Bild 35.
Durchdringung zweier Kugeln

13. Kegelanordnung zur Behandlung der Kegelschnitte

Die Tatsache, daß die Durchdringungskurve zweier Kegel in bestimmten Sonderfällen ein Kegelschnitt sein kann, läßt sich zur Ableitung der elementaren Eigenschaften der Kegelschnitte verwenden. Eine zu diesem Zweck geeignete Anordnung zweier Kegel hat H. Herrmann vorgeschlagen. *Zwei kongruente Kegel mit parallelen Achsen schneiden sich in einem Kegelschnitt.* Bild 36 zeigt Grund- und Aufriß zweier solcher Kegel. Die zur Aufrißebene senkrechte Ebene 𝔈, deren Aufrißspur in die Gerade $A'' B''$ fällt, schneidet beide Kegel in der gleichen Ellipse. Die Punkte *A* (*A'*, *A''*) und *B* (*B'*, *B''*) sind die Scheitel der Ellipse und bestimmen die große Ellipsenachse. Legt man durch den

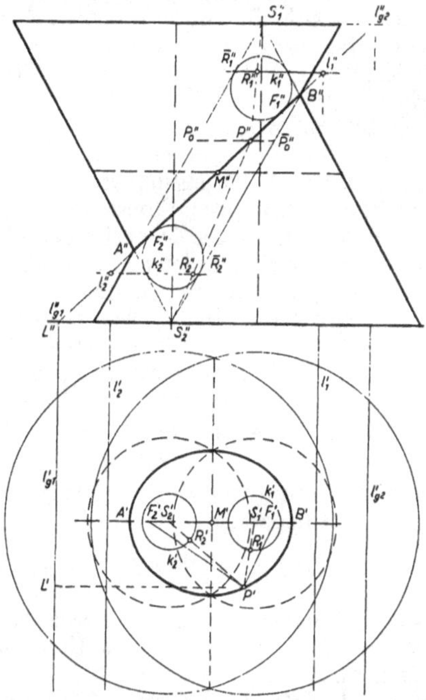

Bild 36. Behandlung der Kegelschnitte als Durchdringungskurve zweier kongruenter Kegel

Mittelpunkt *M* von *A B* eine waagerechte Ebene, so schneidet diese jeden Kegel in einem Parallelkreis, der für beide Kegel den gleichen Radius besitzt. Die gemeinsame Sehne der beiden Parallelkreise ist die kleine Ellipsenachse. Daraus folgt aber, daß beide Kegel von der Ebene 𝔈 in der gleichen Kurve geschnitten werden.

Der Mittelpunkt M der Ellipse ist Mittelpunkt der ganzen räumlichen Anordnung; jede durch M gehende Gerade wird von beiden Kegeln so geschnitten, daß M die ausgeschnittene Strecke halbiert. Die Anordnung ist bezüglich M symmetrisch. Daraus lassen sich sofort die Symmetrieeigenschaften der Ellipse ableiten.

In jeden Kegel läßt sich eine Kugel legen, die den Kegel und die Ebene $\mathfrak{E}$ berührt. Die beiden Kugeln, die nur im Aufriß von Bild 36 angegeben sind, haben gleichen Radius und entsprechen je der kleineren der beiden Dandelinschen Kugeln (Abs. 8). Die Berührungspunkte F_1, F_2 der Kugeln mit $\mathfrak{E}$ sind die Brennpunkte der Ellipse. Der Brennpunktsatz, nach dem die Summe der Brennstrahlen ($PF_1 + PF_2$) für jeden Punkt P der Ellipse den gleichen Wert hat, kann leicht aus Bild 36 abgelesen werden: Durch den Punkt P der Ellipse legen wir die Mantellinien beider Kegel. Die Mantellinie PS_1 trifft den Berührungskreis k_1 der Kugel in R_1. Da PR_1 und PF_1 Tangenten von P an die Kugel sind, ist PR_1 gleich PF_1. Die wahre Länge von PR_1 ergibt sich aus einer Drehung um die Kegelachse, die PR_1 nach $P_0''\overline{R}_1''$ führt.

Ebenso erkennt man, daß $PR_2 = PF_2$ ist und daß $\overline{R}_2''\overline{P}_0''$ die wahre Länge von PR_2 ist. Da die Umrißlinien beider Kegel paarweise parallel sind, folgt

$$PF_1 + PF_2 = \overline{P}_0\overline{R}_2 + P_0\overline{R}_1 = \text{const.},$$

denn die mittlere Summe ist gleich einer Seite des Parallelogramms, das von k_1'' und k_2'' aus den Umrißmantellinien ausgeschnitten wird.

Die Ebenen der Berührungskreise k_1, k_2 der Kugeln schneiden die Ebene $\mathfrak{E}$ in den Leitlinien l_1 und l_2 der Ellipse, die im Aufriß als Punkte erscheinen. Um das zu beweisen, gehen wir davon aus, daß $P_0''\overline{R}_1'' = PF_1$ ist. Die Strecken $P_0''\overline{R}_1''$ und $P''l_1''$ werden durch zwei parallele (waagerechte) Geraden von den Schenkeln des Winkels $\overline{R}_1''A''l_1''$ abgeschnitten. Daher gilt die Proportion:

$$P_0''\overline{R}_1'' : P''l_1'' = \overline{R}_1''A'' : l_1''A'' = \text{const.} = \mu,$$

denn das rechte Teilverhältnis ist für alle Punkte der Ellipse gleich; es ist unabhängig von P und gibt die Exzentrizität an.

Entsprechend zeigt man die Leitlinieneigenschaft von l_2. Der wesentlichste Vorteil dieser Anordnung mag darin liegen, daß die symmetrische Lage der beiden Leitlinien deutlich wird, was im Bild 21 nicht der Fall war.

Werfen wir noch einen Blick auf den Grundriß. S_1', S_2' sind die Brennpunkte des Ellipsengrundrisses und l_{g1}', l_{g2}'

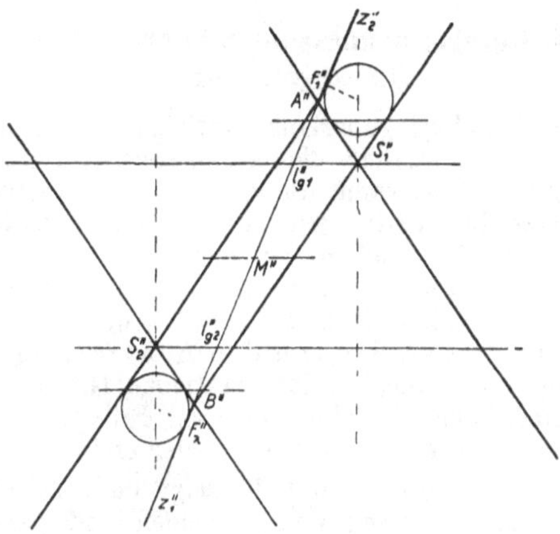

Bild 37. Hyperbel als Schnitt zweier kongruenter Kegel

die Leitlinien. Dabei sind l_{g1}, l_{g2} die Schnittgeraden der durch S_1, S_2 gehenden waagerechten Ebenen mit der Ebene 𝔈. Die Verhältnisse sind die gleichen wie in Bild 21, Abs. 8, aber hier erhalten wir sofort die beiden Leitlinien.

Für die Hyperbel zeigt Bild 37 nach Herrmann den Aufriß der beiden Doppelkegel. Die Aufrisse der Hyperbelzweige sind die Strecken z_1'', z_2''. Als Übung sei empfohlen, den Grundriß zu Bild 37 zu konstruieren und die Eigenschaften der Grundrißhyperbel zu studieren. Die Grundrisse S_1', S_2' der Kegelspitzen geben die Brennpunkte, die Grundrisse der Schnittgeraden l_{g1}, l_{g2} der Hyperbelebene mit den waagerechten Ebenen durch die Kegelspitzen sind die Leitlinien der Grundrißhyperbel.

Die Überlegungen dieses Abschnittes berühren nur einen kleinen Teil der Zusammenhänge und Konstruktionen, die H. Herrmann in seiner noch nicht erschienenen *Elementargeometrie* aus der Kegelanordnung ableitet. Alle elementargeometrischen Eigenschaften der Kegelschnitte lassen sich recht anschaulich aus der Konfiguration entwickeln.

14. Durchdringungskonstruktionen nach dem Hilfskugelverfahren

Bei den Durchdringungskonstruktionen des Abschnitts **12** hatten wir erkannt, daß die beiden Körper, Zylinder oder Kegel, eine gemeinsame Berührungskugel besitzen. Wir wollen jetzt eine etwas allgemeinere Gruppe von Konstruktionen betrachten, indem wir nur voraussetzen, daß sich die Achsen der beiden, sich durchdringenden Drehkörper schneiden und daß eine Projektionsebene parallel zu der von den Achsen aufgespannten Ebene ist. Solche Konstruktionen lassen sich nach einem einheitlichen Verfahren, dem sog. Hilfskugelverfahren, ausführen, das wir an einigen Beispielen erläutern wollen.

a) Zwei Zylinder. Bild 38 zeigt den Aufriß zweier Zylinder, deren Achsen sich schneiden und parallel zur Aufrißebene sind. Die Konstruktion kann allein im Aufriß durchgeführt werden, deshalb ist der Grundriß nicht angegeben. Der leitende Gedanke des Hilfskugelverfahrens ist der folgende: Eine Kugel mit dem Mittelpunkt S (= Schnittpunkt der Zylinderachsen), deren Radius größer oder gleich dem größeren der beiden Zylinderradien ist, schneidet jeden Zylinder in Kreisen. Im Aufriß erscheint die Kugel als Kreis und der Schnitt der Kugel mit jedem Zylinder als Kreissehne. In Bild 38 ist K der Aufriß einer solchen Kugel, und k_1'' und k_2'' sind die Aufrisse ihrer Schnittkreise mit den beiden Zylindern. Der Punkt P'' ist die Projektion der Schnittpunkte der beiden Kreise k_1, k_2 der

Kugel $\mathfrak{K}$. Die beiden Punkte P, deren Aufrisse in P'' zusammenfallen, liegen auf beiden Zylindern und sind daher Punkte der Schnittkurve.

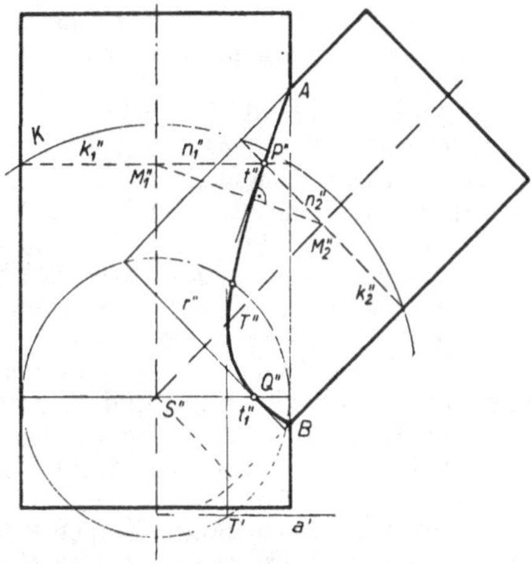

Bild 38. Durchdringung zweier Zylinder (Hilfskugelverfahren)

Durch wiederholtes Anwenden des Verfahrens bestimmt man eine geeignete Anzahl von Punkten des Aufrisses der Durchdringungskurve, durch die die Kurve möglichst glatt hindurchgelegt wird. Dabei geht man schematisch vor, zeichnet um S'' einige Kreise, dessen größter durch A geht, und bestimmt die Schnittpunkte der entsprechenden Sehnen. Das Verfahren ist einfach und schnell ausführbar. Dadurch wird mancher unerfahrene Zeichner dazu verleitet, eine zu große Anzahl von Kurvenpunkten zu bestimmen. Die Zeichnung wird weder besser noch genauer dadurch, daß man eine übermäßig große Anzahl von Kurvenpunkten konstruiert. Bevor man eine derartige Kurve zeichnet, soll man sich auf Grund geometrischer Überlegungen eine Vorstellung von dem ungefähren Kurvenverlauf verschaffen und im Anschluß daran einige Kurvenpunkte konstruieren, die besonders wesentlich sind. In den meisten Fällen gelingt es, auch eine Konstruktion für die Tangenten der Kurve in diesen Punkten anzugeben. Durch die Kenntnis der Kurventangenten wird die Genauigkeit der Zeichnung weit mehr erhöht als durch eine große Zahl von einzelnen Punkten.

Zu den Punkten, die für die Zeichnung wesentlich sind, gehört auch der Punkt T mit dem Aufriß T'', in dem die vorderste bzw. hinterste Mantellinie des schrägen Zylinders den vertikalen Zylinder schneidet. Man kann nicht unmittelbar die Kugel angeben, auf der T liegt. Deshalb wählt man zur Bestimmung von T'' einen anderen Weg. Wir betrachten den Kreis um S'' als Hilfsgrundriß des vertikalen Zylinders, dabei ist die Gerade $S'' Q''$ Projektionsachse. Die vorderste Mantellinie des schrägen Zylinders hat dann den Grundriß a', dessen einfache Konstruktion aus Bild 38 ersichtlich ist. a' schneidet den Kreis in T'; durch Heraufloten folgt T''. Die Ordnungslinie $T' T''$ berührt den Aufriß der Schnittkurve in T'' (s. auch Abs. **15**).

Bei Durchdringungskurven zweier Körper läßt sich die Tangente der Durchdringungskurve in einem Punkt P entweder ansehen als Schnittgerade der beiden Berührungsebenen, die in P die beiden Körper berühren, oder aber als Lot auf die Ebene, die von den beiden Flächennormalen der Körper in P aufgespannt wird. Die letztere Vorstellung führt in unserem Falle (aber auch in zahlreichen anderen Fällen) zu einer besonders einfachen Tangentenkonstruktion. Wir denken im Punkte P der Schnittkurve die Normalen n_1 und n_2 auf beiden Zylindern errichtet (Bild 38). Sie fallen offenbar mit den durch P gehenden Radien der Kreise k_1 und k_2 zusammen. Die Tangente t der Durchdringungskurve ist senkrecht zu n_1 und n_2, also senkrecht auf der Ebene $\mathfrak{N}$ durch n_1 und n_2. Wenn aber t senkrecht auf der Ebene $\mathfrak{N}$ stehen soll, so muß der Aufriß t'' zum Aufriß jeder Frontlinie von $\mathfrak{N}$ senkrecht sein. Die Verbindungsgerade der Mittelpunkte M_1 und M_2 der Kreise k_1 und k_2 ist eine Frontlinie der Ebene $\mathfrak{N}$, denn die beiden Zylinderachsen wurden parallel zur Aufrißebene vorausgesetzt. Daher ist das Lot von P'' auf die Gerade $M_1'' M_2''$ der Aufriß t'' der Tangente der Durchdringungskurve in P. Die zeichnerische Ausführung der Konstruktion ist recht einfach.

Wir wollen noch auf den Punkt Q'' in Bild 38 hinweisen, dessen Kurventangente auf der Achse des schrägen Zylinders senkrecht steht. Die Berührungskugel des dickeren Zylinders um S schneidet den anderen im Kreis r. Der Kreis r schneidet den Berührungskreis in zwei Punkten Q mit dem gemeinsamen Aufriß Q''. Die Verbindungsgerade der Kreismittelpunkte fällt hier mit der Achse des dünneren Zylinders zusammen, so daß der Aufriß t_1'' der Tangente das Lot von Q'' auf diese Zylinderachse ist.

Das gleiche Verfahren ist bei der Durchbohrung des Zylinders in Bild 39 angewendet. Die Berührungskugel des dickeren Zylinders berührt diesen längs des Großkreises, dessen Aufriß mit dem der Zylinderachse b zusammenfällt, und schneidet den anderen Zylinder in zwei Kreisen k_1 und k_2, deren Aufrisse die Sehnen k_1'', k_2'' sind. Sie schneiden b'' in den Punkten A'' und B''. Zum Zeichnen der Durchdringungskurve genügt es hier, außer den Punkten A'', B'' die Tangenten in den vier Schnittpunkten 1, 2, 3, 4 der Umrißerzeugenden anzugeben. Die Tangente im Punkt 1 ist das Lot von 1 auf die Gerade $S''R''$. Die anderen erhält man sofort aus der Symmetrie der Anordnung.

b) Zylinder, Kegel. In technischen Anwendungen, z. B. Ventilen und Rohrleitungshähnen, tritt die konische Durchbohrung eines Zylinders häufig auf. Bild 40 zeigt die Konstruktion. Auch hierbei empfiehlt sich das Hilfskugelverfahren. Mit der Berührungskugel des Zylinders, deren Mittelpunkt der Achsenschnittpunkt S ist, gewinnt man die Scheitelpunkte A'', B'' der Projektion der Durchdringungskurve. Für die Ausführung der Zeichnung wird es im allgemeinen genügen, außer A'', B'' die Tangenten in den vier Schnittpunkten der Umrißerzeugenden zu kennen. Dazu gehen wir wieder von den beiden Flächennormalen aus, die durch den betrachteten Punkt der Durchdringungskurve, etwa C, gehen. Längs eines Parallelkreises bilden die Normalen eines Kegels selbst einen Kegel, der *Normalenkegel* des Parallelkreises heißt. n_1 ist Umrißerzeugende des Normalenkegels durch C. Seine Spitze ist Z. Die Normalen der beiden Flächen durch C bilden eine Ebene, auf der die Tangente der Schnittkurve senkrecht steht. ZM ist Frontlinie dieser Ebene; daher ist das Lot von C'' auf $Z''M''$ die Tangente, die die Projektion der Schnittkurve in C'' berührt.

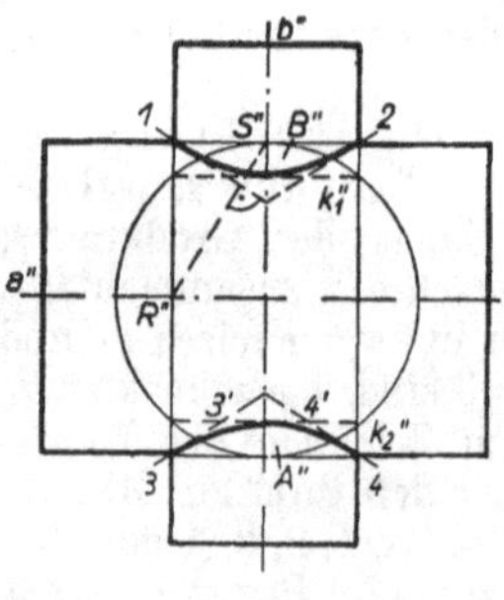

Bild 39.
Zylindrische Durchbohrung eines Zylinders (Hilfskugelverfahren)

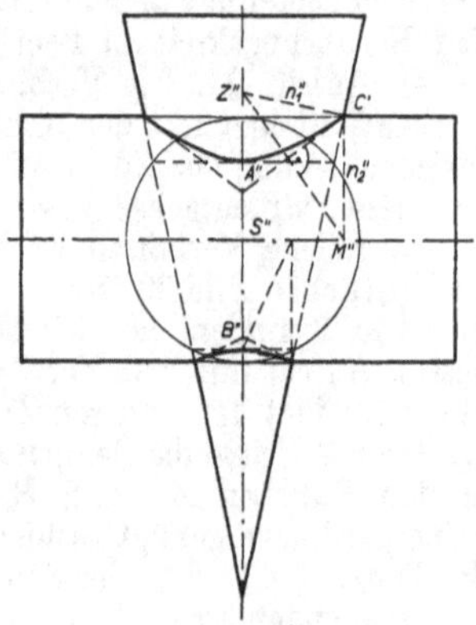

Bild 40.
Konische Durchbohrung eines Zylinders (Hilfskugelverfahren)

Gegen die Anwendung der Tangentenkonstruktion in den Schnittpunkten der Umrißerzeugenden, wie wir sie soeben in Bild 39 und 40 durchgeführt haben, lassen sich gewisse Einwände erheben. Bei der Besprechung des Bildes 38 gingen wir von der räumlichen Vorstellung aus, daß die Tangente im Punkte P der Schnittkurve senkrecht auf der Ebene $\mathfrak{N}$ durch die beiden Flächennormalen steht. Im Schnittpunkt der Umrißerzeugenden, z. B. Punkt A in Bild 38, sind beide Flächennormalen parallel zur Aufrißebene, so daß die Kurventangente senkrecht zur Aufrißebene steht und ihr Aufriß als Punkt erscheint. Unsere Überlegung gibt also keine Begründung für die Anwendbarkeit der Tangentenkonstruktion in den Schnittpunkten der Umrißerzeugenden. Diese läßt sich aber durch einen Grenzübergang leicht einsehen. Lassen wir den Punkt P'' im Bild 38 allmählich nach A wandern, indem ihn die Normalen n_1'', n_2'' begleiten, so bleibt die Tangentenkonstruktion bis A gültig. Im Abs. 3 wurde gezeigt, daß in der Projektion die Tangente einer Flächenkurve in dem Punkt, den die Kurve mit dem Umriß gemeinsam hat, den Umriß berührt, wenn die Tangente der Kurve kein Projektionsstrahl ist. Hier haben wir Beispiele für den Sonderfall.

Bei der Durchdringung von Kegel und Zylinder zeigt Bild 40 nur die Tangentenkonstruktion im Endpunkt C'' der Kurve. Im Bild 41 ist die Konstruktion für einen

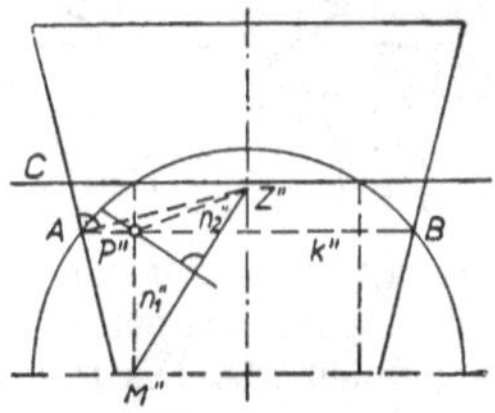

Bild 41.
Konstruktion der Tangente im Punkte *P* der Durchdringungskurve

beliebigen Kurvenpunkt P gesondert ausgeführt. Erwähnenswert ist lediglich die Bestimmung des Mittelpunktes Z des Normalenkegels. Die Hilfskugel schneidet den Kegel im Kreis k. Von dem Normalenkegel zeichnen wir zuerst die Umrißerzeugende durch A senkrecht zur Mantellinie des gegebenen Kegels und finden die Projektion Z'' der Spitze Z. Die Tangente in P'' ist das Lot von P'' auf den Aufriß $M''Z''$ der Frontlinie. Zur Konstruktion ist es nicht nötig, die Gerade n_2'' zu zeichnen; wir haben sie nur zur Veranschaulichung angegeben. Wandert P'' nach C, so geht die Konstruktion in diejenige des Bildes 40 über.

Zum Abschluß dieses Abschnittes sei darauf hingewiesen, daß die Projektionen der Durchdringungskurven von Zylindern und Kegeln unter den Voraussetzungen dieses Abschnittes Bogenstücke von Hyperbeln sind. Die Konstruktionen der Kurvenpunkte und ihrer Tangenten in Bild 38 bis 40 lassen sich als Konstruktionsverfahren zur punktweisen Bestimmung einer Hyperbel ansehen. An dem einfachsten Beispiel zweier Zylinder, deren Achsen sich senkrecht schneiden, wollen wir den Sachverhalt näher betrachten. Bild 42 zeigt, daß sich das Konstruktionsverfahren über den Umriß der beiden Zylinder fortsetzen läßt. Dabei müssen wir jedoch die räumliche Vorstellung fallen lassen und uns auf die ebene Figur beschränken, in der zwei Paare paralleler Geraden gegeben sind.

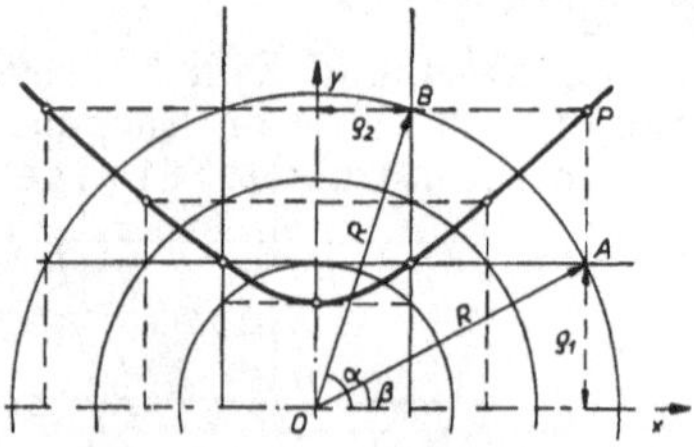

Bild 42. **Hyperbelkonstruktion, hervorgegangen aus dem Hilfskugelverfahren**

(Bild 42 zeigt nur die obere Hälfte der Anordnung.) Die Geradenpaare schneiden aus den um O beschriebenen Kreisen Sehnen aus. Die zum gleichen Kreis gehörenden Sehnen bzw. ihre Verlängerungen schneiden sich in den Punkten einer Hyperbel. Der Nachweis läßt sich leicht analytisch führen. Die Mittellinien der Parallelen wählen wir als x- bzw. y-Achse eines rechtwinkligen Koordinatensystems. $2\varrho_1$ und $2\varrho_2$ seien die Abstände der parallelen Geraden. Die beliebig herausgegriffenen Sehnen durch die Punkte A, B, die zum gemeinsamen Kreis vom Radius R gehören, schneiden sich im Punkt P. Wie man aus dem Bild 42 sofort abliest, gilt für die Koordinaten des Punktes P:

$$(1) \qquad x^2 = R^2 - \varrho_1^2; \qquad y^2 = R^2 - \varrho_2^2.$$

Nach Subtraktion beider Gleichungen fällt R heraus und es folgt:

$$(2) \qquad y^2 - x^2 = \varrho_1^2 - \varrho_2^2.$$

Die rechte Seite der Gleichung ist eine Konstante. Daher ist der geometrische Ort der Punkt P, die der Gleichung genügen, eine (gleichseitige) Hyperbel.

15. Die drei Arten von Durchdringungskurven

Nach der Erledigung der technisch wichtigen Sonderfälle wenden wir uns zu den Durchdringungen von Zylinder, Kegel, Kugel bei beliebiger Anordnung der sich schneidenden Körper. Man unterscheidet drei Arten von Durchdringungskurven, die am Beispiel zweier Zylinder in den Bildern 43 bis 45 veranschaulicht sind:

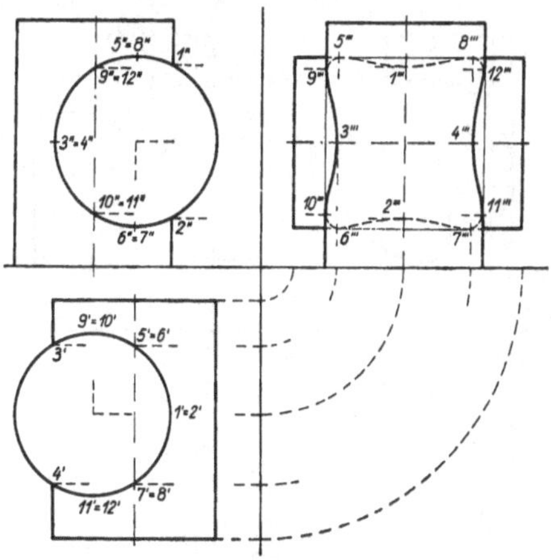

Bild 43.
Verzapfung zweier Zylinder (einteilige Durchdringungskurve)

1. *Die zweiteilige Durchdringungskurve* (Bild 45) entsteht, wenn der eine Körper den anderen durchbohrt. Grund- und Aufriß in Bild 45 zeigen deutlich, daß sich der vertikale Zylinder durch den waagerechten hindurchbohrt. Der Seitenriß gibt eine anschauliche Vorstellung der zweiteiligen Durchdringungskurve. Wir verschieben die Erläuterung der Konstruktion auf später und wenden uns zum zweiten Fall:

2. Halten wir den waagerechten Zylinder in Bild 45 fest und denken den vertikalen nach links verschoben, bis sein

Grundrißkreis die Umrißmantellinie berührt (Bild 44), so haben beide Zylinder im Punkt S eine gemeinsame Berührungsebene. Die Anordnung zeigt den Grenzfall einer Durchbohrung. Wir können uns den Übergang vom Bild 45 zur Grenzlage im Bild 44 stetig ausgeführt denken. Je weiter der vertikale Zylinder des Bildes 45 nach links wandert, um so mehr nähern sich die Punkte A_1, A_2 der

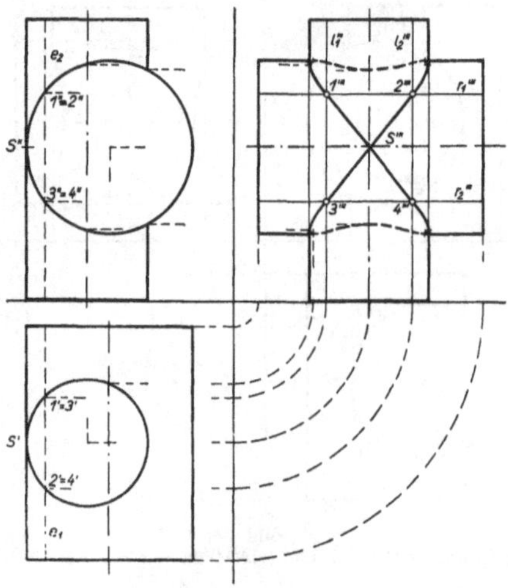

Bild 44. Grenzfall, Schnittkurve mit Doppelpunkt

Schnittkurve. Im Grenzfall des Bildes 44 fallen sie in dem Punkt S zusammen; es entsteht die *Durchdringungskurve mit Doppelpunkt* (vgl. auch **12**).

3. Denken wir den Vorgang noch weiter fortgesetzt, so entsteht die im Bild 43 gezeigte *Verzapfung* der beiden Körper. Die Durchdringungskurve besteht aus einem einzigen geschlossenen Linienzug ohne Doppelpunkt. Man spricht von der *einteiligen Durchdringungskurve.*

Diese drei Typen von Durchdringungen, die wir hier an zwei Zylindern erklärt haben, treten in entsprechender Weise bei allen Durchdringungen von Zylinder mit Kegel, Kegel mit Kegel, aber auch Zylinder oder Kegel mit Kugel auf. Auch die Konstruktion der Durchdringungskurven geschieht in allen diesen Fällen nach einheitlichen Gesichtspunkten. Man verwendet Hilfsebenen, die die Zylinder bzw. Kegel in Mantellinien schneiden. Die Schnittpunkte der Mantellinien der gleichen Hilfsebene ergeben dann Punkte der Durchdringungskurve. Falls ein Körper eine Kugel ist, erhält man die Punkte der Durchdringungskurve als Schnitt der Mantellinien mit dem Kreis, den die Hilfsebene auf der Kugel ausschneidet.

Bei zwei Zylindern sind die Hilfsebenen parallel zu beiden Zylinderachsen. Im Bild 44 ist eine Hilfsebene mit den Spuren e_1, e_2 angegeben; sie schneidet jeden Zylinder in einem Paar von Erzeugenden, die im Seitenriß mit l_1''', l_2''' und r_1''', r_2''' bezeichnet sind. Ihre Schnittpunkte *1*, *2*, *3*, *4* geben vier Punkte der Durchdringungskurve. Auch im Bild 45 ist eine solche Hilfsebene angedeutet. Nach diesem Verfahren lassen sich beliebig viele Punkte der Durchdringungskurve bestimmen.

Zum Zeichnen der Projektionen kommt es aber weniger auf die Zahl der konstruierten Kurvenpunkte an als auf eine geschickte und richtige Auswahl. Einige Punkte der Durchdringungskurven sind zum Zeichnen der Projektionen besonders wichtig. Man beginnt im allgemeinen mit denjenigen Hilfsebenen, die einen der beiden Körper berühren. Zu jedem Zylinder gehört ein Paar von Berührungsebenen. Aus der gegenseitigen Lage der beiden Paare von Berührungsebenen erkennt man, welche Durchdringungsart, ob Durchbohrung, Doppelpunkt oder Verzapfung vorliegt. Bei der Verzapfung trennen sich die beiden Paare von Berührungsebenen, bei der Durchbohrung liegen beide Ebenen eines Paares zwischen denen des anderen. Im Falle des Doppelpunktes haben die beiden Ebenenpaare eine Ebene gemeinsam.

In Bild 43 hat die linke Berührungsebene des vertikalen Zylinders keinen Punkt mit dem waagerechten gemeinsam. Dagegen schneidet die linke Berührungsebene des waagerechten Zylinders den vertikalen Zylinder in zwei Mantellinien, deren Grundrisse in die Punkte *3'*, *4'* fallen. In dieser Ebene liegen die Punkte *3* und *4* der Durchdringungskurve. Die rechte Berührungsebene des vertikalen Zylinders gibt

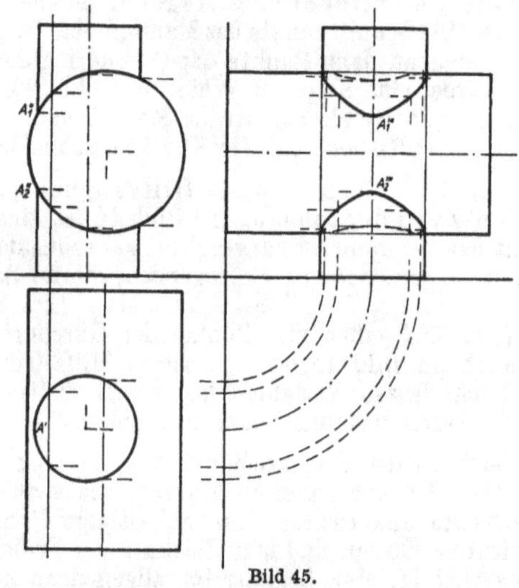

Bild 45.
Durchbohrung zweier Zylinder (zweiteilige Durchdringungskurve)

in gleicher Weise die Punkte *1* und *2*. In den Punkten *1*, *2*, *3*, *4* berührt die Durchdringungskurve je eine Mantellinie eines Zylinders.

Als nächstes bestimmt man diejenigen Punkte, in denen die Projektion (in unserem Beispiel der Seitenriß) der Durchdringungskurve die Umrißerzeugenden der Körper berührt. Die Hilfsebenen durch die Achsen der Zylinder liefern diese sog. Umrißpunkte der Durchdringungskurve. In Bild 43 sind diese Punkte durch die Zahlen *5* bis *12* markiert.

In vielen Fällen werden diese 12 Punkte, in deren jedem die Tangente bekannt ist, ausreichen, um die Kurve zu zeichnen. Im Bild 44 und 45 wurde außer den ausgezeichneten 12 (bzw. 11) Punkten noch je ein Punktquadrupel bestimmt, um den Verlauf des Seitenrisses hinreichend genau anzugeben.

Zum Schluß sei noch auf die Sichtbarkeitsverhältnisse in der Umgebung der vier Umrißschnittpunkte hingewiesen. Oft nähert sich die Projektion der Durchdringungskurve so sehr diesen Punkten, daß die klare Wiedergabe der Verhältnisse in ihrer Umgebung zeichentechnisch unmöglich ist (z. B. Bild 44, 45). Die Anordnung der Zylinder in Bild 43 wurde so gewählt, daß die Umgebung dieser vier Punkte deutlich wird.

16. Verzapfung von Zylinder und Kegel

Die Durchdringung von Zylinder und Kegel bietet nichts grundsätzlich Neues. Die Ebenen durch die Kegelspitze, die zur Zylinderachse parallel sind, werden als Hilfsebenen verwendet. Alle diese Ebenen enthalten die Gerade, die parallel zur Zylinderachse durch die Kegelspitze geht. Eine Schar von Ebenen mit gemeinsamer Schnittgeraden nennt man ein *Ebenenbüschel*, die gemeinsame Gerade *Achse des Büschels*. Auch eine Schar paralleler Ebenen heißt Ebenenbüschel, seine Achse liegt im Unendlichen. F. Rehbock hat für die Hilfsebenen die recht treffende Bezeichnung Pendelebenen eingeführt, indem er von der Vorstellung ausgeht, daß die Ebenen um die gemeinsame Schnittgerade (Büschelachse oder Pendelachse) pendeln und dabei den Körper in verschiedenen Mantellinien schneiden. Bei der zeichnerischen Durchführung der Durchdringungskonstruktion kommt es auch hier darauf an, einige besonders ausgezeichnete Punkte der Durchdringungskurve zu bestimmen. Ein Beispiel mag die Einzelheiten des Verfahrens erläutern.

Bild 46 zeigt einen Kegel mit vertikaler Achse und einen Zylinder, dessen Achse zur Aufrißebene senkrecht steht. Der Aufriß der Durchdringungskurve ist unmittelbar gegeben; er fällt mit dem Bogenstück $\overline{2}''4''2''$ des Zylinderaufrisses zusammen. Zur Bestimmung der Grundrißpunkte dienen die Hilfsebenen. Die linke Berührungsebene des Kegels schneidet den Zylinder in zwei Mantellinien, auf denen die Punkte 2, $\overline{2}$ der Durchdringungskurve liegen. Diese berührt hier die Mantellinien des Zylinders. Die rechte durch S gehende Berührungsebene des Zylinders schneidet den Kegel in zwei Erzeugenden, die die Durchdringungskurve in den Punkten 1, $\overline{1}$ berühren. Die Hilfsebene, die durch S und die rechte Umrißerzeugende des Zylinders geht, schneidet Zylinder und Kegel je in zwei Mantellinien, auf denen die Punkte 4, $\overline{4}$ und 3, $\overline{3}$ der Kurve liegen. In den Punkten $4'$, $\overline{4'}$ berührt der Grundriß der Kurve die Umrißgerade des Zylinders. Diese Punkte trennen den sichtbaren vom unsichtbaren Teil des Grundrisses der Durchdringungskurve.

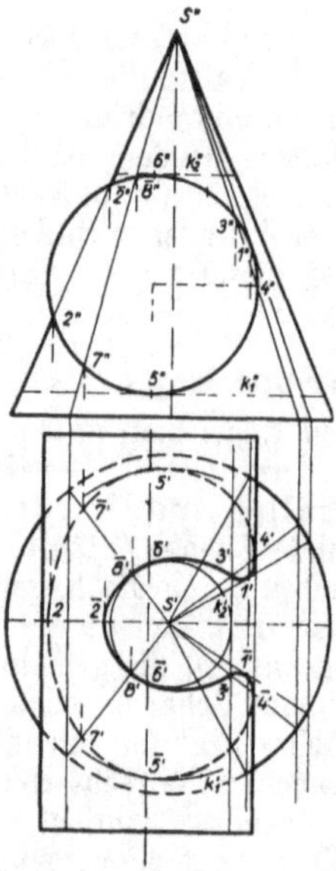

Bild 46.
Verzapfung von Zylinder und Kegel

Um den Grundriß der Kurve zeichnen zu können, brauchen wir noch einige weitere Punkte. So liefert uns beispielsweise eine weitere Hilfsebene durch S die vier Punkte 7, $\overline{7}$, 8, $\overline{8}$. Man erkennt aber leicht, daß sich ein Stück der Kurve nicht unmittelbar nach diesem Verfahren bestimmen läßt. Wenn nämlich der Winkel der durch S gehenden Hilfsebene mit der Kegelachse allzu klein wird, ergeben sich im Grundriß zwischen den Mantellinien des Kegels und des Zylinders, die in der Hilfsebene liegen, schleifende Schnitte. Das gilt besonders für die Umgebung der Punkte $5'$, $6'$. Man kann sich helfen durch Einführung eines Seitenrisses. Aber besser ist die Wahl anderer Hilfsebenen. Waagerechte Ebenen schneiden den Zylinder in Erzeugenden und den Kegel in Kreisen. Unter ihnen sind die beiden waagerechten Berührungsebenen des Zylinders hervorzuheben. Sie schneiden den Kegel in den Parallelkreisen k_1 und k_2. Die gesamte Durchdringungskurve verläuft zwischen diesen beiden Parallelkreisen. Der Grundriß der Kurve liegt daher ganz im Innern des Kreises k_1', den er in den Punkten $5'$, $\overline{5}'$ berührt, und ganz außerhalb des Kreises k_2', auf dem die Berührungspunkte $6'$, $\overline{6}'$ gelegen sind.

17. Weitere Durchdringungsbeispiele

Wegen der Bedeutung der Durchdringungen für die technischen Anwendungen der Darstellenden Geometrie wollen wir noch drei weitere Beispiele durchführen, in denen wir auf verschiedene Besonderheiten hinweisen können.

a) Zwei Zylinder (Rohrabzweigung). Im Gegensatz zu Abs. **15** nehmen wir an, daß die Achsen der beiden Zylinder, die sich nicht schneiden, unter einem spitzen Winkel gegeneinander geneigt sind. Die beiden Achsen seien parallel zur Grundrißebene; die Aufrißebene wählen wir senkrecht zur Achse eines Zylinders (Bild 47). Der Leitgedanke bleibt der gleiche wie im Abs. **15**. Hilfsebenen, die parallel zu den Achsen beider Zylinder sind, schneiden beide Zylindermäntel in Erzeugenden. Im Aufriß erscheinen die Hilfsebenen als Geraden. Wir zeichnen z. B. die Hilfsebene, d. h. die waagerechte Gerade, durch den beliebig herausgegriffenen Punkt $5''$ des Aufrisses der Durchdringungskurve. Die Hilfsebene schneidet jeden Zylinder in zwei Mantellinien, deren Grundriß zu bestimmen ist. Den Grundriß der Mantellinien des dicken Zylinders (der zur Aufrißebene senkrecht steht) erhalten wir sofort durch Herunterloten aus dem Aufriß. Für den schrägstehenden Zylinder ist die Bestimmung der Mantellinien der Hilfsebene nicht so unmittelbar möglich.

Im allgemeinen wird das Rohrstück, das den Zylinder darstellt, am freien Ende senkrecht zur Rohrachse abgeschnitten sein. Dieser Schnitt erscheint im Grundriß als Strecke und im Aufriß als Ellipse. Unsere Hilfsebene

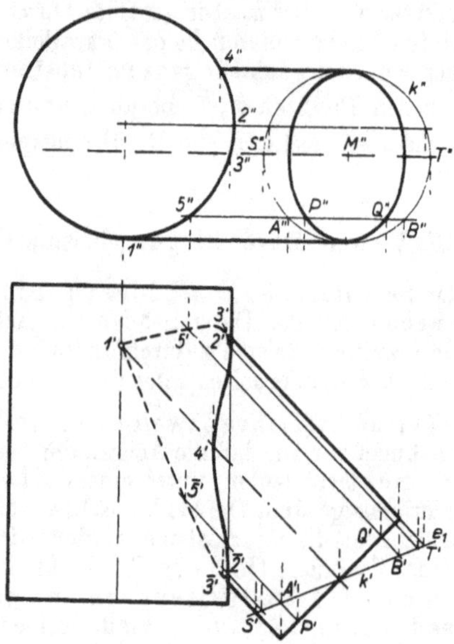

Bild 47. Rohrabzweigung

schneidet die Ellipse in den Punkten mit dem Aufriß P'' und Q''. Durch Herunterloten dieser Punkte in den Grundriß ergeben sich P', Q'. Durch P' und Q' gehen die Grundrisse der Mantellinien, die die Hilfsebene aus dem schrägstehenden Zylinder ausschneidet. Die beiden Paare von Erzeugenden derselben Hilfsebene schneiden sich in Punkten der Durchdringungskurve. Wir erhalten somit die Grundrisse $5'$ und $\overline{5}'$.

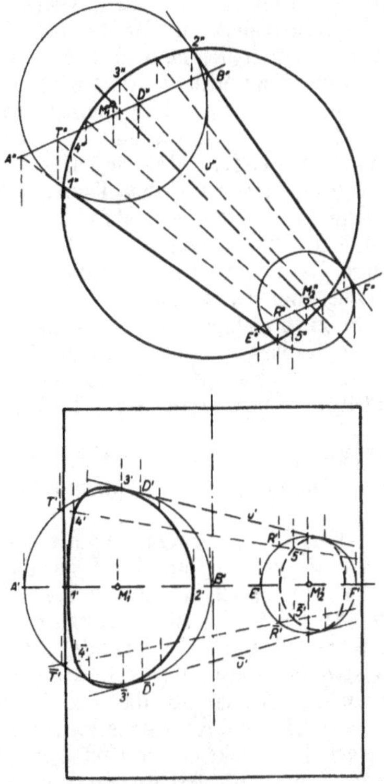

Bild 48. Durchdringung von Zylinder und Kegel (Quersieder)

Das Verfahren läßt sich für eine Anzahl von Hilfsebenen durchführen. Dabei wird man mit den ausgezeichneten Hilfsebenen durch die Punkte *1*, *4*, *3*, *2* beginnen, wie in Abs. 15 hervorgehoben wurde.

Das Verfahren hat einen unangenehmen Nachteil; es verwendet die einzelnen Punkte der Aufrißellipse (z. B. P'', Q'').

Seine Genauigkeit hängt ab von der Genauigkeit, mit der diese Ellipse konstruiert ist. Man müßte deshalb die Punkte der Ellipse, durch die man Hilfsebenen legen will, einzeln konstruieren. Diese Mühe können wir uns durch eine einfache Überlegung ersparen. Wir können nämlich den schrägstehenden Zylinder so durch eine vertikale Ebene abschneiden, daß der Aufriß des Schnittes ein Kreis wird. Dazu beschreiben wir um den Mittelpunkt M'' der Ellipse einen Kreis vom Radius des Zylinders und projizieren die Punkte S'', T'' in den Grundriß auf die Umrißerzeugenden des Zylinders. Die Verbindungsgerade der Punkte S', T' zeigt den Grundriß der Schnittebene. Jetzt lassen sich die Schnitterzeugenden der waagerechten Hilfsebenen mit den Zylindern mühelos angeben. So trifft z. B. die Hilfsebene durch *5* den Aufrißkreis in den Punkten A'', B''. Der Grundriß der zugehörigen Mantellinien geht durch A', B'.

Die beiden Zylinder haben im Punkt *1* eine gemeinsame Berührungsebene. Daher ist *1* ein Doppelpunkt der Durchdringungskurve.

b) Zylinder-Kegel (Quersieder). Ein Zylinder soll von einem schwach verjüngten Kegel so durchdrungen werden, daß sich die Achsen der beiden Körper senkrecht schneiden (Bild 48). Solche Anordnungen wurden in Dampfkesseln älterer Konstruktion viel verwandt. Die heißen Verbrennungsgase strömen durch das zylindrische Rohr und geben Wärme an das Wasser ab, das sich im Konus und außerhalb des zylindrischen Rohres befindet. Uns soll nur die Durchdringungskonstruktion beschäftigen. Wie in **16** verwenden wir Hilfsebenen, die durch die Kegelspitze gehen und zur Zylinderachse parallel sind (Pendelebenen). Sie schneiden beide Körper in Mantellinien. Erschwerend ist hier einmal, daß die Kegelachse gegen eine Projektionsebene geneigt ist, zum anderen, daß die Spitze des Kegels wegen des kleinen Öffnungswinkels nicht mehr auf der Zeichnung liegt. Dadurch ist es nicht möglich, die von den Hilfsebenen ausgeschnittenen Erzeugenden unmittelbar zu zeichnen.

Wir beginnen mit dem Umriß des Kegels in beiden Projektionen. Da die Kegelachse parallel zur Aufrißebene ist, erscheint der Öffnungswinkel des Kegels im Aufriß in wahrer Größe. Sind die Maße des Kegels, etwa ein Parallelkreisdurchmesser und der Verjüngungswinkel gegeben, so läßt sich sein Umriß im Aufriß zeichnen. Zur Bestimmung des Kegelumrisses im Grundriß denken wir zwei Kugeln von verschiedenem Durchmesser so in den Kegel gelegt, daß sie ihn je in einem Parallelkreis berühren. Wir beschreiben um die beliebigen Punkte M_1'' und M_2'' des Aufrisses der Kegelachse die Berührungskreise der Umrißerzeugenden. Dies sind die Aufrisse der Berührungskugeln. Im Grundriß erscheinen die Berührungskugeln als Kreise vom entsprechenden Radius um M_1' und M_2'. Die gemeinsamen äußeren Tangenten der Kreise bilden den Umriß des Kegels im Grundriß.

Um die Projektionen einer Erzeugenden des Kegels zeichnen zu können, gehen wir von einer ähnlichen Überlegung aus wie im Teil a dieses Abschnittes. Wir denken den Kegel an beiden Seiten derart durch eine zur Aufrißebene senkrechte Ebene abgeschnitten, daß der Grundriß des Schnittes ein Kreis wird. Diesen wählen wir am besten so, daß er mit dem Umriß der Berührungskugel zusammenfällt. Die Punkte A', B' des Kreises (Bild 48) loten wir in den Aufriß auf die Umrißgeraden, dann ist $A'' B''$ der Aufriß der Ebene, die den Kegel so schneidet, daß der Grundriß der Schnittkurve der Kreis mit dem Durchmesser $A' B'$ ist. Dasselbe leistet am anderen Ende des Kegels der Schnitt $E'' F''$ mit dem Grundrißkreis $E' F'$. Die Geraden $A'' B''$ und $E'' F''$ sind zueinander parallel.

Die nächste Schwierigkeit besteht darin, die Projektionen der Kegelerzeugenden zu zeichnen, ohne daß die Kegelspitze erreichbar ist. Nach einem elementaren Lehrsatz über zwei parallele Geraden, die von einem Strahlenbüschel geschnitten werden (Bild 49), verhalten sich die Abschnitte auf einer Parallelen wie die Abschnitte auf der anderen und umgekehrt. Es ist z. B. $A B : B C = \bar{A} \bar{B} : \bar{B} \bar{C}$. Im Aufriß des Bildes 48 muß daher eine Mantellinie des Kegels die Strecke $A'' B''$ im gleichen Verhältnis teilen wie die Strecke $E'' F''$.

Nach diesen Vorbereitungen läßt sich die Konstruktion der Durchdringungskurve schnell zu Ende führen. Wir betrachten die Hilfsebene durch den beliebigen Punkt T und zeichnen zuerst ihren Aufriß, der mit der Mantellinie durch T'' zusammenfällt (Bild 48). Die Punkte T'' und R'',

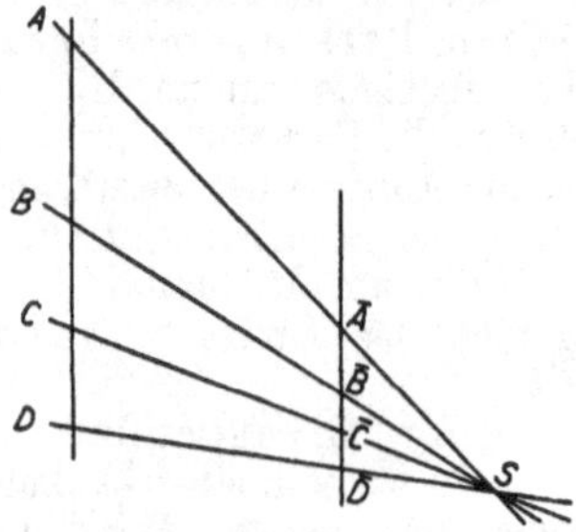

Bild 49.
Gleiche Teilverhältnisse auf parallelen Geraden

die $A'' B''$ und $E'' F''$ im gleichen Verhältnis teilen, loten wir auf die entsprechenden Kreise im Grundriß. Die Geraden $T' R'$ und $\overline{T}' \overline{R}'$ sind die Grundrisse der Kegelerzeugenden, die in der Hilfsebene liegen. Die Zylindererzeugenden lassen sich sofort angeben. Die Punkte $4'$, $\overline{4}'$, $5'$, $\overline{5}'$ sind die Grundrisse der vier Punkte der Durchdringungskurve, die in der Hilfsebene enthalten sind. Das Verfahren ermöglicht die Konstruktion einer beliebigen Anzahl von Punkten. Auch hier wird man die ausgezeichneten Punkte bevorzugen.

Einen kurzen Hinweis verdienen noch die Punkte, in denen der Grundriß der Durchdringungskurve die Umrißerzeugenden des Kegels berührt. Die Umrißerzeugende u' berührt den Kreis um M_1' in D'. Durch Heraufloten auf $A'' B''$ erhalten wir den Aufriß D''. Die Erzeugende u'' durch D'' ist der Aufriß der Umrißerzeugenden u. u' wird im Punkt $3'$ von der Durchdringungskurve berührt. Bei richtiger Zeichnung muß die Gerade $M_1'' D''$ waagerecht sein; die Begründung sei dem Leser überlassen.

18. Zylinder und Kugel

Als letztes Beispiel behandeln wir die Durchdringung von Zylinder und Kugel. Wir wählen die Anordnung in einer Form, wie sie im Bauwesen auftritt. In ein halbkugelförmiges Gewölbe soll eine zylindrische Stichkappe eingeführt

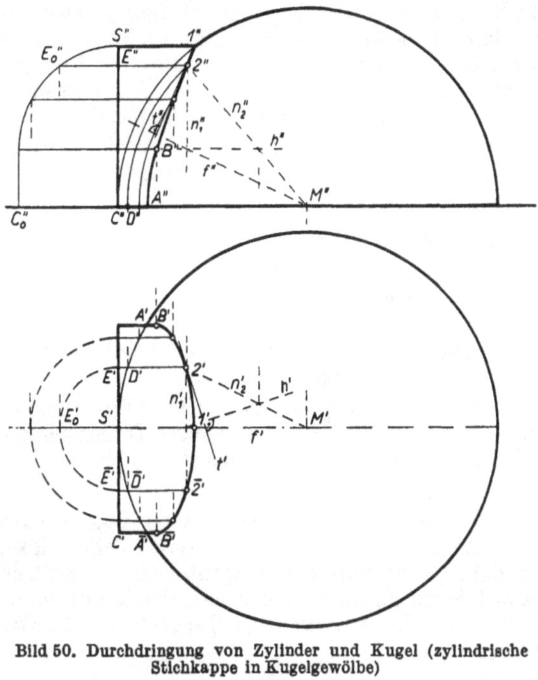

Bild 50. Durchdringung von Zylinder und Kugel (zylindrische Stichkappe in Kugelgewölbe)

werden. Diese besteht aus einem waagerechten Halbzylinder, der in zwei vertikale Ebenen übergeht. Das Profil der zylindrischen Einführung ist aus dem Linienzug $C_0'' E_0'' S''$ des Bildes 50 zu ersehen. Zur Bestimmung der Punkte der Durchdringungskurve von Kugel und Zylinder benutzt man

Hilfsebenen, die zur Zylinderachse und nach Möglichkeit zu einer Projektionsebene parallel sind. Um das Profil des Zylinders in der Zeichnung (Bild 50) sichtbar zu machen, dreht man den Normalschnitt um seine vertikale Symmetrieachse in die zur Aufrißebene parallele Lage.

Eine beliebige frontale Hilfsebene, etwa durch den Punkt E, schneidet den Zylinder in einer Geraden, deren Aufriß durch E'' geht. Bei der Drehung des Profils gelangt E nach E_0. Der Grundriß des gedrehten Profils fällt mit dem Grundriß der Zylinderachse zusammen. Auf ihm erhalten wir durch Herunterloten von E_0'' den Grundriß E_0'. Durch Zurückdrehen des Profils ergeben sich E' und $\overline{E}'$. Der Grundriß der Hilfsebene fällt entweder mit dem Grundriß der Mantellinie durch E' oder $\overline{E}'$ zusammen.

Die Hilfsebene schneidet die Kugel in einem frontalen Kreis, dessen Grundriß durch D' oder $\overline{D}'$ geht, und dessen Aufriß der Kreis durch D'' ist. Der Schnitt des Kreises mit der Mantellinie des Zylinders gibt einen Punkt der Durchdringungskurve. Hat man durch Wiederholung des Verfahrens einige Punkte konstruiert, so lassen sich die Projektionen des Bogens $B\ 1\ \overline{B}$ der Durchdringungskurve zeichnen. Die vertikalen Seitenwände des Torbogens schneiden die Kugel in Kreisbogen, deren Aufriß der Bogen $A''\ B''$ ist.

An Stelle vertikaler Hilfsebenen kann man ebensogut waagerechte verwenden. Erwähnenswerte Schwierigkeiten treten dabei nicht auf. Die Tangenten der Schnittkurve lassen sich leicht mit den Flächennormalen konstruieren. In Bild 50 ist die Konstruktion der Tangente des Punktes *2* angegeben.

III. Drehflächen und Schraubenflächen

Eine zur Grundrißebene senkrechte Gerade a und eine beliebige Kurve c seien starr miteinander verbunden, so daß die relative Lage von a und c unveränderlich ist. Rotiert dann *c* um die Gerade *a* als Drehachse, so beschreibt *c* eine *Drehfläche*. Jeder Punkt von *c* beschreibt einen Kreis (*Parallelkreis*). Alle durch *a* gehenden Ebenen schneiden die Drehflächen in kongruenten Kurven, den *Meridianschnitten oder Meridianen*. Jede Drehfläche kann durch Rotation eines Meridians gewonnen werden.

Einige Beispiele von Drehflächen haben wir schon kennengelernt. Der Drehkegel besitzt als Meridian eine Gerade, die die Achse *a* schneidet, der Drehzylinder eine

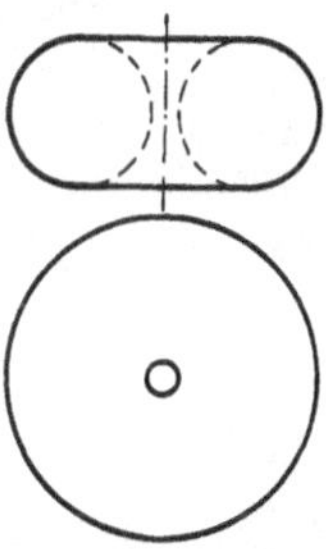

Bild 51. Kreisring

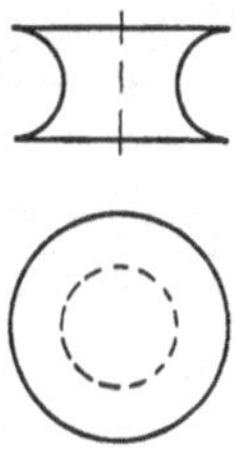

Bild 52. Rolle

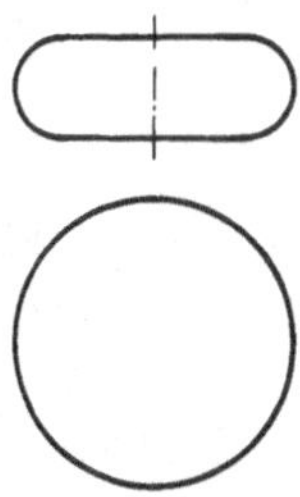

Bild 53. Wulst

zu *a* parallele Gerade. Die Kugel entsteht durch Rotation eines Kreises um einen Durchmesser als Drehachse. In technischen Anwendungen begegnen uns besonders häufig Drehflächen, deren Meridian ein Kreis oder ein Kreisbogenstück ist. Die Fläche, die ein Kreis bei der Rotation um eine Achse *a*, die nicht durch den Mittelpunkt geht, beschreibt, heißt *Kreisringfläche* oder *Torus*.

Wir werden uns im folgenden darauf beschränken, den Kreisring als Beispiel für Drehflächen zu betrachten. Die Konstruktionsverfahren lassen sich größtenteils unverändert auf andere Drehflächen übertragen. Bild 51 zeigt Grund- und Aufriß eines Kreisringes. Die Bilder 52 und 53 zeigen die Projektionen einer *Rolle* und eines *Wulstes*, die Stücke einer Ringfläche enthalten.

19. Schnitte von Kreisringfläche und Ebene

Die Schnittkurve, in der eine Drehfläche von einer Ebene $\mathfrak{E}$ geschnitten wird, bestimmt man angenähert durch Konstruktion einer Anzahl von Kurvenpunkten. Dazu dient eine Schar von Hilfsebenen, die zur Achse der Drehfläche senkrecht sind. Jede solche Hilfsebene schneidet die Drehfläche in einem Parallelkreis und $\mathfrak{E}$ in einer Geraden. Die beiden Schnittpunkte von Parallelkreis und Gerade sind zwei Punkte der Schnittkurve.

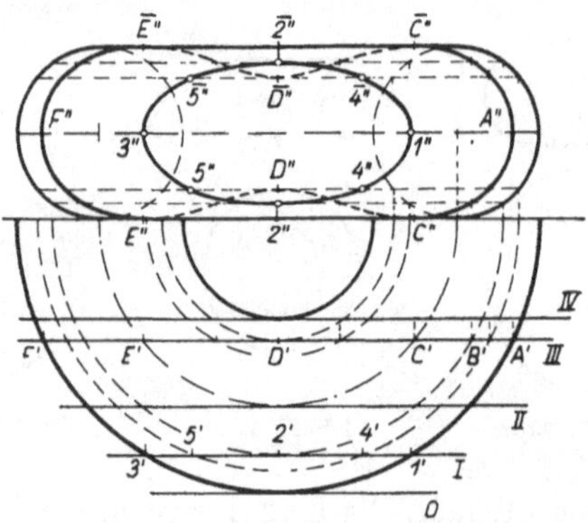

Bild 54. Schnitt eines Kreisringes mit frontalen Ebenen

Bei allen Anwendungen dieses Verfahrens ist es empfehlenswert, sich vor Beginn der Zeichnung eine Vorstellung von der Gestalt, d. h. von dem ungefähren Verlauf der Schnittkurve, zu verschaffen. Dann ist man in der Lage, die Hilfsebenen geeignet auszuwählen. Ähnlich wie im vorigen Kapitel verdienen Doppelpunkte der Kurve und ihre Berührungspunkte mit den Umrißlinien besondere Beachtung. Doppelpunkte entstehen im allgemeinen dann, wenn die Schnittebene $\mathfrak{E}$ die Drehfläche berührt.

Am Beispiel des Kreisringes wollen wir diese allgemeinen Richtlinien näher erläutern. Bild 54 zeigt die Hälfte eines Kreisringes. Wir wollen ihn mit einer frontalen

Ebene 𝔈 schneiden und beobachten, wie sich die Schnittkurve ändert, wenn die Ebene 𝔈 allmählich, von der vordersten Berührungsebene ausgehend, die frontalen Ebenen durchläuft, von denen wir einige durch ihre Grundrißspuren eingezeichnet haben.

Wir betrachten zuerst die Ebene in der Stellung, die durch die Grundrißspur *I* festgelegt ist. Der Grundriß der Schnittkurve fällt in die Sehne $1'3'$ des Umrißkreises. Zur Konstruktion der Projektionen eines beliebigen Kurvenpunktes schneiden wir den Kreisring mit einer waagerechten Ebene. Diese schneidet den Ring in einem Paar von Parallelkreisen, deren Grundrisse als Kreise, deren Aufrisse als Gerade erscheinen. Man vergleiche den Kreis durch die Punkte $4'$, $5'$ des Grundrisses in Bild 54. Da es zwei waagerechte Ebenen gibt, deren Parallelkreise diesen Grundrißkreis als Projektion besitzen, erhalten wir vier Punkte $4''$, $\overline{4}''$, $5''$, $\overline{5}''$ des Aufrisses der Schnittkurve.

Besonders ausgezeichnet sind zunächst der größte Parallelkreis, der den Umriß des Grundrisses bestimmt und oft Wulstkreis genannt wird, ferner der höchste und tiefste Parallelkreis, deren Grundrisse in die Projektion der Mittellinie des Ringes fallen, und deren Aufrisse einen Teil des Umrisses bilden, und schließlich der kleinste Parallelkreis, der sog. Kehlkreis.

Von diesen ausgezeichneten Parallelkreisen schneidet die Ebene *I* nur den Wulstkreis, und zwar in den Punkten *1* und *3*. Der höchste Punkt der Schnittkurve ist Punkt $\overline{2}$, der tiefste der Punkt *2*. Die Schnittkurve hat die Gestalt eines Ovales. Je nach der Stellung der Schnittebene 𝔈 zu den ausgezeichneten Parallelkreisen ändert sich die Gestalt der Schnittkurve. Alle frontalen Ebenen, deren Spuren zwischen der Spur *O* und der Spur *II* liegen, schneiden den Ring in ovalen Kurven. Die Ebenen, deren Spuren zwischen *II* und *IV* liegen, schneiden aus dem Ring Kurven aus, die eine Einschnürung besitzen. Diese Ebenen treffen den Wulstkreis sowie den höchsten und tiefsten Parallelkreis, nicht aber den kleinsten Parallelkreis. Ein Beispiel ist die Ebene mit der Spur *III*. Die ausgezeichneten Punkte der Schnittkurve sind A, C, $\overline{C}$, D, $\overline{D}$, E, $\overline{E}$, F. Über ihre Konstruktion werden keine besonderen Erläuterungen nötig sein.

Rückt die Ebene 𝔈 gegen die Ebene mit der Spur *IV*, so nähern sich die Punkte D, $\overline{D}$ der Kurve einander. Diese wird immer mehr zusammengeschnürt und erhält im Grenzfall der Ebene *IV* einen Doppelpunkt. Wandert die Schnittebene über die Spur *IV* hinaus, so zerfällt die Schnittkurve in zwei ovale Teile. Schließlich wird die Ebene 𝔈 die Achse enthalten und den Ring im Meridian, d. h. einem Kreispaar, schneiden.

Zu ähnlichen Ergebnissen gelangen wir, wenn wir die Schnittkurven eines Kreisringes mit einer Schar von Ebenen betrachten, die die Grundrißspur gemeinsam haben. In Bild 55 sei der Kreisring und die Spur e_1 der Ebenen gegeben, die wir senkrecht zur Aufrißebene annehmen. Wir beginnen mit der Ebene, deren Aufrißspur die Gerade *I* ist. Sie hat mit dem Kreisring nur ihren Berührungspunkt gemeinsam. Verkleinern wir den Neigungswinkel der Ebene, so entstehen zunächst ovale Schnittkurven zwischen Ebene und Kreisring, die sich bei weiterer Verkleinerung des Neigungswinkels so verformen, daß sie den inneren Umrißkreis immer weiter umfassen. Ein Beispiel zeigt den Schnitt der Ebene mit der Aufrißspur *II*, der in Bild 55 ausgeführt ist. Die Konstruktion der einzelnen Kurvenpunkte geschieht wie oben mittels waagerechter Hilfsebenen und bedarf keiner weiteren Erläuterung. Als ausgezeichnete Punkte, die man zuerst zeichnet, bieten sich die Punkte: $1, \overline{1}, 2, \overline{2}, 3$ und 4. Die Hilfsebene durch den Punkt $5'' = 6''$ des Aufrisses liefert vier weitere Punkte der Kurve. Zum Zeichnen des Grundrisses ist es vorteilhaft, in den einzelnen Punkten die Kurventangenten zu kennen. Diese sind in den ausgezeichneten Punkten unmittelbar gegeben und lassen sich in jedem anderen Punkt leicht bestimmen. Wir wählen als Beispiel Punkt *6*. Die Tangente in dem beliebig gewählten Punkte *6* der Schnittkurve ist der Schnitt der Berührungsebene des Kreisringes im Punkt *6* mit der schneidenden Ebene. Wir konstruieren die Grundrißspur der Berührungsebene. Dazu denken wir uns zunächst den Kreisring so um seine Achse gedreht, daß der Punkt *6* in die frontale Meridianebene, d. h. nach 6_0, fällt. Die Tangentenebene in 6_0 ist senkrecht zur Aufrißebene; ihre Aufrißspur ist die in $6_0''$ an den Meridiankreis gelegte Tangente mit dem

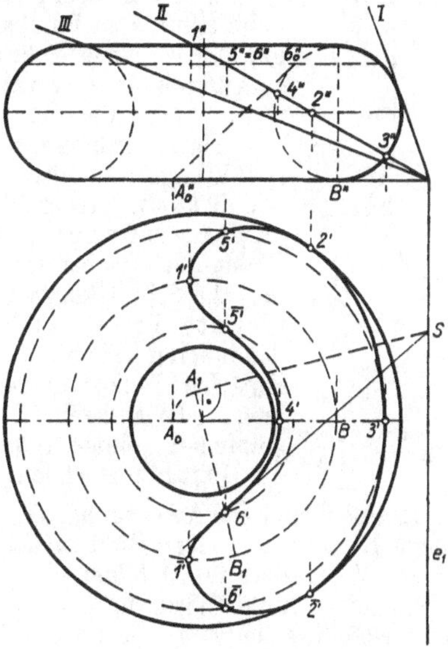

Bild 55. Schnitt eines Kreisringes mit geneigten Ebenen

Spurpunkt A_0. Drehen wir jetzt den Kreisring in die alte Stellung zurück und denken die Berührungsebene fest mit dem Ring verbunden, so beschreibt A_0 einen Kreisbogen in der Grundrißebene (siehe Bild 55). Die Grundrißspur der Tangentenebene im Punkt *6* ist die in A_1 errichtete Senkrechte auf $A_1 B_1$. Sie schneidet die Spur e_1 der gegebenen Ebene $\mathfrak{E}$ in *S*. Die Schnittgerade der Berührungsebene mit der Schnittebene 𝔈 hat als Grundriß die Gerade *6' S* und ist die Tangente der Schnittkurve in *6*.

Kehren wir zu unserer obigen Betrachtung zurück und überlegen, wie sich die Schnittkurve des Kreisringes verformt, wenn der Neigungswinkel der Ebene 𝔈 weiter verkleinert wird. Bewegt sich die Aufrißspur der Ebene 𝔈 von der Stellung *II* in Richtung *III*, so wandern die Punkte *1*, $\overline{1}$ der Schnittkurve nach links, die Kurve umschließt immer mehr den inneren Umrißkreis. Im Grenzfall der Aufrißspur *III*, die den Aufriß des linken Meridiankreises berührt, ist 𝔈 Berührungsebene des Ringes. Die Schnittkurve hat am Berührungspunkt einen Doppelpunkt. Ist die Ebene noch flacher geneigt, so zerfällt die Schnittkurve in zwei getrennte Teile, von denen jeder den inneren Umrißkreis einschließt. Eine der Teilkurven liegt ganz im Innern der anderen. Es ist sehr zu empfehlen, einige solche Schnitte als Übung zu zeichnen.

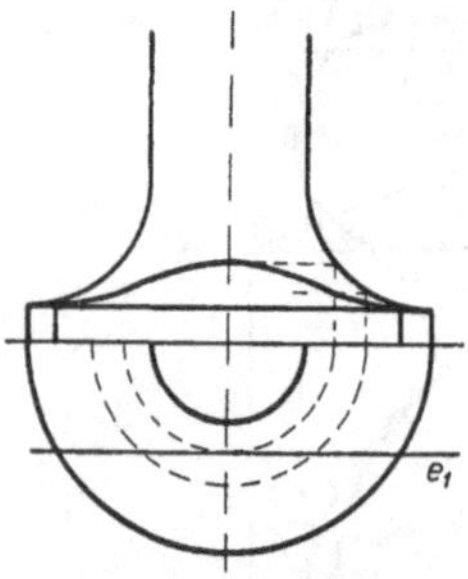

Bild 56.
Frontaler Schnitt durch einen Wellenflansch

Bild 56 zeigt eine technische Anwendung. Die Abrundung zwischen einem Bolzen und dem Bolzenfuß (oder einer Welle und dem Wellenflansch) bildet ein Stück eines Kreisringes bzw. einer Rolle. Wird von dem Bolzenfuß ein ebenes Stück abgefeilt, so entsteht die im Bild 56 konstruierte Schnittfigur. Ihre Gestalt entspricht dem Bogen *E D C* der Schnittkurve des Bildes 54.

20. Durchdringung von Kreisring und Zylinder

Für die Konstruktion der Durchdringungskurve von Kreisring und Zylinder läßt sich kein Verfahren angeben, welches in allen möglichen Fällen gleich brauchbar ist. Ist die gegenseitige Stellung der beiden Körper ganz beliebig gewählt, so wird die Konstruktion sehr mühsam. In technischen Anwendungen kommen im allgemeinen nur zwei ausgezeichnete Anordnungen vor, entweder ist die Achse des Zylinders parallel zur Ebene der Mittellinie des Kreisringes oder senkrecht zu dieser Ebene. In anderen Worten: im ersten Fall ist die Zylinderachse senkrecht zur Achse des Kreisringes als Drehfläche und im zweiten Fall parallel dazu. Wählt man die Achse des Kreisringes senkrecht zu einer der Projektionsebenen, so läßt sich die Durch-

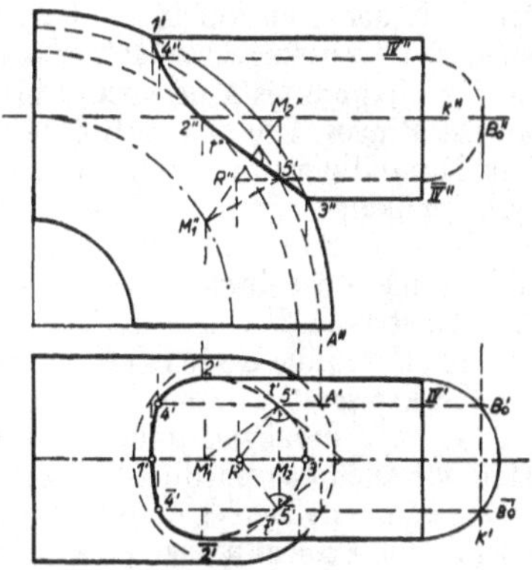

Bild 57. Durchdringung von Kreisring und Zylinder (Hilfsebenenkonstruktion)

dringungskurve zwischen Kreisring und Zylinder leicht mit einer Schar von Hilfsebenen konstruieren, die zur Drehachse des Kreisringes senkrecht sind.

Wir wollen das Verfahren an dem Beispiel des Bildes 57 erläutern, das einen zylindrischen Stutzen an einem Rohrkrümmer darstellt. Der Rohrkrümmer besteht aus einem Viertel eines Kreisringes. Die Achse des Kreisringes wählen wir senkrecht zur Aufrißebene. Die Achse des Zylinders sei parallel zur Aufrißebene. Weitere Voraussetzungen sind für die Konstruktion der Durchdringung nicht nötig. Im Beispiel des Bildes 57 berührt die Zylinderachse die Mittellinie des Krümmers; das ist aber bezüglich des Konstruktionsverfahrens unwesentlich. Jede zur Aufrißebene parallele Hilfsebene schneidet den Kreisring in zwei Parallelkreisen, deren Aufrisse Kreise sind, deren Grundrisse in eine Strecke zusammenfallen. Der Zylinder wird von den Hilfsebenen in Mantellinien geschnitten. In Bild 57 ist durch den Punkt *IV'* die Grundrißspur einer Hilfsebene $\mathfrak{H}$ gezeichnet. In diese Spur fällt der Grundriß des Schnittkreises der Hilfsebene mit dem Kreisring und derjenige der Schnitterzeugenden mit dem Zylinder. Den Aufriß des Parallelkreises, in dem die Hilfsebene den Kreisring schneidet, erhalten wir durch Herafloten des Schnittpunktes *A'* der Grundrißspur mit dem Umrißmeridian des Ringes. Um den Aufriß der in der Hilfsebene gelegenen Mantellinien des Zylinders zu bestimmen, klappen wir den vertikalen Abschlußkreis des Zylinders um seinen waagerechten Durchmesser in waagerechte Lage. Nach der Umklappung erscheint der Grundriß als Kreis *k'* und der Aufriß als Strecke *k''*. Es empfiehlt sich, nur den Halbkreis zu zeichnen und die beiden Hälften des vertikalen Kreises im entgegengesetzten Sinne herausgeklappt zu denken, so daß sie nach der Umklappung zusammenfallen. (Übrigens hätten wir auch das im Bild 47 beschriebene Verfahren verwenden können.) Der Grundriß der Mantellinien durch *IV'* schneidet die Umlegung des Kreises in B_0'. Durch Herafloten erhalten wir B_0'' und durch Zurückklappen des Halbkreises nach beiden Seiten den Punkt *IV''* und den symmetrisch gelegenen $\overline{IV}''$. Die Mantellinie durch *IV* trifft den Schnittkreis, der durch *A* geht, im Punkt *4* der Durchdringungskurve. In dieser Weise lassen sich beliebig viele Punkte der Kurve bestimmen. Dabei wird man die Grundrißspuren der Hilfsebene stets paarweise symmetrisch zur Mittellinie des Grundrisses wählen.

Wie bei allen Durchdringungen gibt es auch hier einige ausgezeichnete Punkte, die zuerst konstruiert werden. Es wird genügen, die Punkte unter Hinweis auf Bild 57 aufzuzählen; es sind *1*, *2*, $\overline{2}$, *3*.

Die Tangente in einem Punkt der Durchdringungskurve können wir als Lot der Ebene konstruieren, die von den beiden Flächennormalen des Punktes aufgespannt wird. Die Konstruktion ist für Punkt *5* im Bild 57 eingezeichnet. Die Aufrisse der Flächennormalen sind die Geraden $5'' M_1''$ und $5'' M_2''$; ihre Grundrisse ergeben sich durch Herunterloten von M_1'' und M_2'' auf die Mittellinie des Grundrisses. Die Gerade $M_1 M_2$ ist Frontlinie der Ebene der beiden Normalen. Daher ist das Lot von $5''$ auf $M_1'' M_2''$ der Aufriß der Tangente des Kurvenpunktes *5*. Der Aufriß der Durchdringungskurve fällt in der Umgebung von $5''$ ein längeres Stück mit dem der Tangente zusammen. Der Grundriß t' der Tangente ist senkrecht zum Grundriß jeder Höhenlinie der Ebene $M_1 M_2 5$. Die Strecke $5'' R''$ ist der Aufriß und $5' R'$ der Grundriß einer solchen Höhenlinie. Daher ist t' die Senkrechte im Punkt $5'$ auf $5' R'$.

21. Konischer Stutzen an einem Rohrkrümmer

Liegt die Achse eines Kegels (oder Zylinders) mit der Mittellinie eines Rohrkrümmers in einer Ebene und ist die gemeinsame Ebene von Kegelachse und Mittellinie parallel zu einer Projektionsebene, so läßt sich die Durchdringungskurve des Kreisringes mit dem Kegel durch eine Verallgemeinerung des früher beschriebenen Hilfskugelverfahrens (14) gewinnen.

Bild 58. Durchdringung von Kreisring und Kegel (Hilfskugelverfahren)

Eine beliebige Meridianebene möge den Kreisring in dem Kreis k schneiden, dessen Aufriß die Strecke k'' ist (Bild 58). Die Mittelsenkrechte des Kreises k trifft die Achse des Kegels im Punkt S. Es gibt eine Kugel mit dem Mittelpunkt S, die durch den Kreis k geht. Der Aufriß der Kugel ist der Kreis um S'', der k'' als Sehne besitzt. Die Kugel schneidet den Kegel in einem Parallelkreis, dessen Aufriß als Strecke p'' erscheint. In Bild 58 sind die Punkte *1* und *2* der Durchdringungskurve unmittelbar bekannt. Konstruiert man zwei weitere Punkte *3* und *4*, so läßt sich der Aufriß zeichnen.

22. Schraubenlinien

Durch Verbindung der Rotationsbewegung um eine Achse a mit der Translationsbewegung in Richtung von a entsteht eine *Schraubung* oder eine *Schraubenbewegung*, wenn die Geschwindigkeiten der Rotation und Translation in einem festen Verhältnis zueinander stehen oder wenn zu gleichen Drehwinkeln der Rotation stets gleiche Strecken der Translation gehören. Die Achse a sei senkrecht zur Grundrißebene und ein Punkt P außerhalb der Achse durch die Projektionen gegeben. Bei einer Schraubenbewegung rotiert der Punkt P um die Achse a, gleichzeitig verschiebt er sich parallel zur Achse. Die Verschiebungsstrecke, die der Punkt P nach einem vollen Umlauf um die Achse a zurückgelegt hat, heißt die *Ganghöhe der Schraubung*; die Kurve, die der Punkt P beschreibt, heißt *zylindrische oder gemeine Schraubenlinie*, auch kurz Schraubenlinie. Sie liegt auf dem Mantel eines Drehzylinders mit der Achse a.

Um die Projektionen einer Anzahl von Punkten einer Schraubenlinie, von der außer der Achse a und einem Punkt P die Ganghöhe h gegeben ist, zu zeichnen, gehen wir von der Definition aus. Der Grundriß ist ein Kreis (Bild 59). Diesen teilen wir in n (etwa 12) gleiche Teile. Beim Durchlaufen eines solchen Teilstückes, d. h. bei der Drehung um den Winkel $\frac{2\pi}{n}$, verschiebt sich der Punkt parallel zu a um die Strecke $\frac{h}{n}$. Wir tragen auf dem Aufriß a'' der Achse die Ganghöhe h ab, teilen die Strecke in n Teile und ziehen durch die Teilpunkte waagerechte Geraden. Bringen wir diese zum Schnitt mit den Ordnungslinien durch die entsprechenden Teilpunkte des Kreises, so erhalten wir den Aufriß von n Punkten der Schraubenlinie.

Wird der Zylindermantel, auf dem die Schraubenlinie liegt, längs einer Mantellinie aufgeschnitten und in die Ebene abgewickelt (Bild 60), so geht die Schraubenlinie in eine Gerade über. Denn auf Grund der im Anfang dieses Abschnitts gegebenen Definition einer Schraubung ist für jedes Punktepaar der Schraubenlinie das Verhältnis der Höhendifferenz zum Drehwinkel, d. h. aber zur Umfangsdifferenz auf dem Grundkreis des Zylinders, dasselbe. Im Bild 60 haben wir uns darauf beschränkt, den halben Umfang des Zylinders in der Abwicklung verkleinert wiederzugeben. Die Schraubenlinie besitzt in allen Punkten die gleiche Neigung gegen die Grundrißebene. Die Tangenten der Schraubenlinie haben also sämtlich die gleiche Neigung gegen die Grundrißebene. Das ist eine unmittelbare Folgerung aus der Geradlinigkeit der Abwicklung.

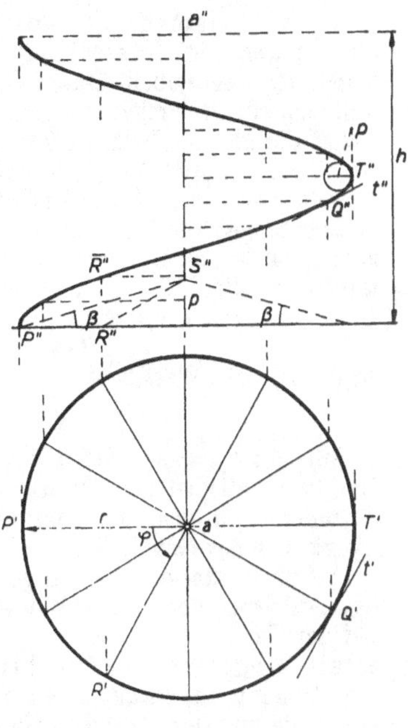

Bild 59. Zylindrische Schraubenlinie, Tangentenkegel

Zum Zeichnen des Aufrisses der Schraubenlinie (Bild 59) sowie zur Bestimmung des Umrisses von Schraubenflächen, wie wir später zeigen werden, ist es vorteilhaft, in einigen Punkten die Tangenten zu kennen. Es gibt mehrere Verfahren zur Konstruktion der Projektion der Tan-

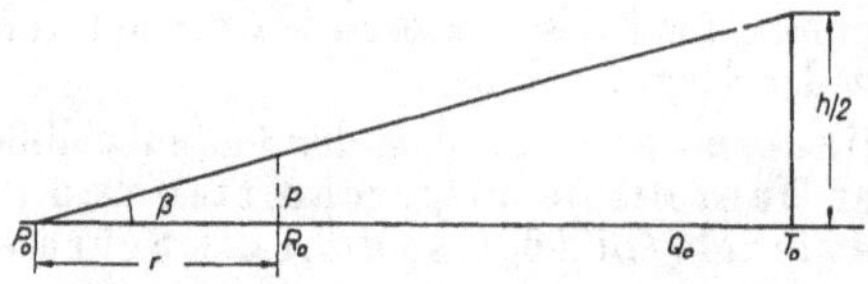

Bild 60. Abwicklung des Zylinders mit der Schraubenlinie

gente in einem Punkt der Schraubenlinie. Wir begnügen uns, die Konstruktion mittels des sog. Tangentenkegels zu beschreiben. Durch den Grundkreis des Zylinders läßt sich ein Drehkegel mit der Achse a legen, dessen Mantellinien die gleiche Neigung gegen die Grundrißebene haben wie die Tangenten der Schraubenlinie. Dieser Kegel heißt der *Tangentenkegel*. Seine Umrißmantellinien sind in Bild 59 eingezeichnet; ihr Neigungswinkel β gegen die Projektionsachse wurde aus Bild 60 entnommen. Von besonderem Interesse ist die Höhe p des Tangentenkegels, die sich nach Bild 60 aus der Proportion

$$2 r\pi : r = h : p$$

ergibt und den Wert hat:

$$p = \frac{h}{2\pi}.$$

p heißt der *Parameter der Schraubenlinie oder der Schraubung.* Der Parameter ist nämlich unabhängig vom Radius des Zylinders, auf dem die Schraubenlinie liegt, und nur abhängig von der Ganghöhe.

Die Brauchbarkeit des Tangentenkegels zur Konstruktion des Aufrisses der Tangenten einer Schraubenlinie beruht auf der Tatsache, daß es zu jeder Tangente eine parallele Kegelerzeugende gibt. Wir wollen als Beispiel die Tangente im Punkt Q der Schraubenlinie des Bildes 59 konstruieren. Der Grundriß ist die Tangente t' des Kreises in Q'. Der Grundriß der zu t parallelen Kegelerzeugenden ist die Gerade $a'R'$, die man erhält, wenn man von Q' auf dem Kreis um einen rechten Winkel zurückgeht. Der Aufriß $S''R''$ der Kegelmantellinie ist parallel zum Aufriß t'' der Tangente. Daher ist t'' die Parallele zu $S''R''$ durch den Punkt Q''.

Eine weitere Erleichterung für das Zeichnen des Aufrisses einer Schraubenlinie bedeutet die Kenntnis des Krümmungskreises in den Scheitelpunkten, so nennt man die Umkehrpunkte P'', T'' des wellenförmigen Linienzuges. Wir legen durch den Punkt T der Schraubenlinie die Tangente und den Radius des Zylinders. Diese beiden Geraden bestimmen eine Ebene $\mathfrak{E}$, die die Neigung β gegen die Grundrißebene hat. Der Schnitt der Ebene $\mathfrak{E}$ mit dem Zylinder ist eine Ellipse, die sich der Schraubenlinie im Punkt T gut anschmiegt (s. unten). In Bild 61 haben wir in verkleinertem

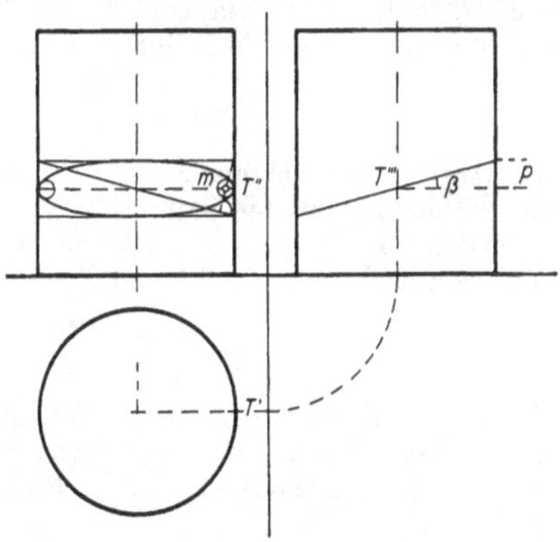

Bild 61.
Zur Bestimmung des Krümmungskreises im Scheitelpunkt

Maßstab den Zylinder gezeichnet und die Seitenrißspur der Ebene $\mathfrak{E}$ angegeben. Man erkennt, daß der Aufriß des Schnittes von $\mathfrak{E}$ mit dem Zylinder eine Ellipse ist, deren große Halbachse der Zylinderradius r und deren kleine Halbachse der Parameter p ist. Bild 61 zeigt das der Ellipse umschriebene Rechteck. Der Punkt T'' ist ein Scheitel der Ellipse, dessen Krümmungskreis entsprechend Band I Abs. **28** konstruiert wird. Der Krümmungskreis der Ellipse ist zugleich derjenige des Aufrisses der Schraubenlinie. In Bild 59 ist eine Ecke und die Halbseite p des Rechtecks sowie der Krümmungskreis eingezeichnet.

Deutet man a'' als x-Achse und die Projektionsachse als y-Achse eines Cartesischen Koordinatensystems, so läßt sich leicht die Gleichung der Aufrißprojektion der Schraubenlinie aufstellen. Wir wollen die Koordinaten des Punktes $\overline{R}''$, dessen Grundriß in R' fällt, aufstellen (Bild 59). Der Drehwinkel von $\overline{R}$ sei φ. Dann ist $y = r \cos \varphi$. Für x gilt die Proportion

$$2\pi : h = \varphi : x;$$

daher ist

$$\varphi = x \frac{2\pi}{h} = \frac{x}{p}.$$

Setzen wir diesen Wert von φ in die Gleichung von y ein, so folgt als Gleichung der Aufrißprojektion

$$y = r \cos \frac{x}{p}.$$

Der Aufriß einer Schraubenlinie, deren Achse zur Aufrißebene parallel ist, ist eine Cosinuslinie.

Auch die Aufrißprojektion der Schmiegungsellipse im Punkt P läßt sich leicht analytisch darstellen; ihre Gleichung wird

$$y = r \sqrt{1 - \frac{x^2}{p^2}}.$$

Verfolgen wir diesen Abstecher in die Analysis etwas weiter und entwickeln die beiden Gleichungen in eine Reihe nach Potenzen von x, so ergibt sich für die Projektion der Schraubenlinie

$$y = r \left\{ 1 - \frac{1}{2} \frac{x^2}{p^2} + \frac{1}{24} \frac{x^4}{p^4} \cdots \right\},$$

der Ellipse

$$y = r \left\{ 1 - \frac{1}{2} \frac{x^2}{p^2} - \frac{1}{8} \frac{x^4}{p^4} \cdots \right\}.$$

Da sich die Reihen erst in den Koeffizienten der Glieder 4. Ordnung unterscheiden, spricht man von einer Berührung 3. Ordnung der beiden Kurven.

23. Schraubenflächen

Es sei eine feste Gerade a und in einer beliebigen durch a gehenden Ebene eine Kurve c gegeben. Durch Schraubung der Kurve c um die Achse a entsteht eine Schraubenfläche. Bei der Schraubung beschreibt jeder Punkt von c eine Schraubenlinie mit der gleichen Ganghöhe. Jede durch *a* gehende Ebene schneidet die Schraubenfläche in einer zu *c* kongruenten Kurve. Wir wollen diese Ebenen Meridianebenen und ihre Schnittkurven mit der Fläche Meridiane nennen, indem wir diese Begriffe von den Drehflächen auf die Schraubenflächen verallgemeinern. Übrigens sind die Drehflächen als Sonderfall der Schraubenflächen anzusehen, deren Ganghöhe gleich Null ist. Durch jeden Punkt einer Schraubenfläche geht eine Schraubenlinie und ein Meridian.

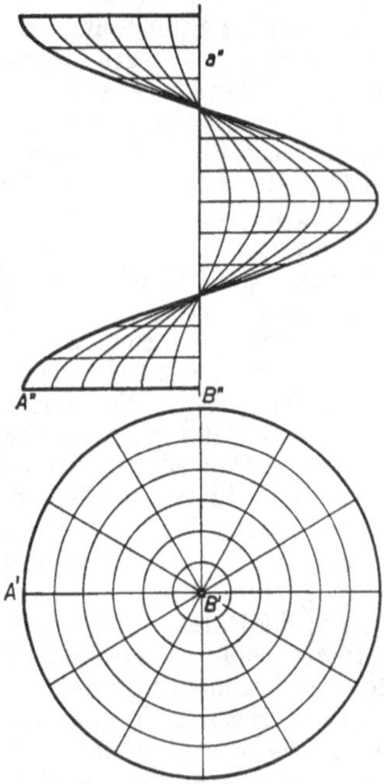

Bild 62.
Gemeine Schraubenfläche mit einem Netz von Meridianen und Schraubenlinien

Die einfachste Schraubenfläche wird erzeugt durch eine Gerade *c*, die die Achse *a* senkrecht schneidet. Die Fläche heißt *gemeine Schraubenfläche*. In Bild 62 ist ein Stück einer gemeinen Schraubenfläche in Grund- und Aufriß wiedergegeben, das durch die Strecke *AB* erzeugt wird. Auf der Fläche ist ein Netz von Meridianen und Schraubenlinien gezeichnet. Die Durchführung der Zeichnung erfolgt in derselben Weise, wie im vorigen Abschnitt für die Schraubenlinie angegeben wurde.

Es wird kaum nötig sein, auf das häufige Vorkommen von Teilen einer Schraubenfläche in der Technik hinzuweisen. Wir wollen in diesem Zusammenhang jedoch die Wendeltreppe erwähnen, die als Grundlage die gemeine Schraubenfläche hat.

Vom Standpunkt der Darstellenden Geometrie viel interessanter ist die *schiefe Schraubenfläche*. Sie wird durch Schraubung einer Geraden c erzeugt, die die Achse a unter einem spitzen Winkel schneidet. Bild 63 zeigt die Projektionen der Achse a und der Geraden c ($= A\,B$), die a schneidet. Verschrauben wir c bei gegebener Ganghöhe, so beschreibt jeder Punkt von c eine Schraubenlinie. Hat sich c bei der Schraubung um 180° gedreht und die Lage $\bar{c}$ angenommen, so liegen $\bar{c}$ und die ursprüngliche Gerade c in einer Ebene; sie schneiden sich in einem Punkt B. Bei Fortsetzung der Schraubung beschreibt B eine Schraubenlinie. Die schiefe Schraubenfläche durchdringt sich selbst. Die Schraubenlinie $A\,B\,A_1\ldots$ ist eine Doppelkurve der Fläche. Denken wir die Gerade $\bar{c}$ noch um 360° weiter verschraubt, so schneidet sie wiederum die Gerade c der Ausgangslage. Betrachten wir die Gerade c in unbegrenzter Ausdehnung, so hat die Fläche, die durch Verschraubung von c entsteht, unendlich viele Doppelkurven. Es ist nicht leicht, sich eine anschauliche Vorstellung von der Fläche zu machen. Wir wollen uns deshalb auf das Stück von c beschränken, das innerhalb der Strecke $A\,B$, d. h. innerhalb der ersten Doppelkurve der schiefen Schraubenfläche, liegt.

Die Konstruktion des Grund- und Aufrisses der Fläche beginnen wir mit der Schraubenlinie, die von den Punkten A, B beschrieben wird. Den Grundrißkreis haben wir in 12 gleiche Teile geteilt. Beim Durchlaufen jedes solchen Kreisteiles steigen die Punkte um $^1/_{12}$ der Ganghöhe. Durch Verbinden entsprechender Punkte erhalten wir die verschiedenen Lagen der verschraubten Strecke c.

Die Geraden $A\,B$ und A_1B, deren letztere durch Verschrauben von $A\,B$ um 180° hervorgeht, liegen in einer Ebene. Infolgedessen leuchtet sofort ein, daß wir dieselbe schiefe Schraubenfläche auch erzeugen können durch Verschrauben des Dreiecks $E\,B\,F$. Die Seite $E\,F$ ist gleich der halben Ganghöhe der Schraubung. Den durch das Dreieck $E\,B\,F$ erzeugten Teil der schiefen Schraubenfläche, der also innerhalb der ersten Doppelkurve liegt, nennt man *Korkzieherfläche*.

Mit dem Zeichnen der einzelnen geradlinigen Erzeugenden ist die Konstruktion der Projektionen noch keineswegs vollendet. Wir müssen zum mindesten den Umriß der Fläche im Aufriß bestimmen. Dieser ist die Einhüllende des Aufrisses der geradlinigen Erzeugenden. Hat man die Erzeugenden hinreichend dicht gezeichnet, etwa durch 24 Punkte auf einem Umlauf, so läßt sich die Umrißkurve näherungsweise mit einem Kurvenlineal als Berührungslinie der Aufrisse der Erzeugenden zeichnen. Es erleichtert jedoch die Arbeit des Zeichnens, wenn man sich mit einer kleineren Zahl von Erzeugenden begnügt und dafür die Punkte konstruiert, in denen die Umrißkurve die Erzeugenden berührt. In Bild 63 ist X ein solcher Berührungspunkt. Zu seiner Konstruktion führt folgende Überlegung: Wir nehmen an, der Punkt X sei fest auf der Strecke c markiert.

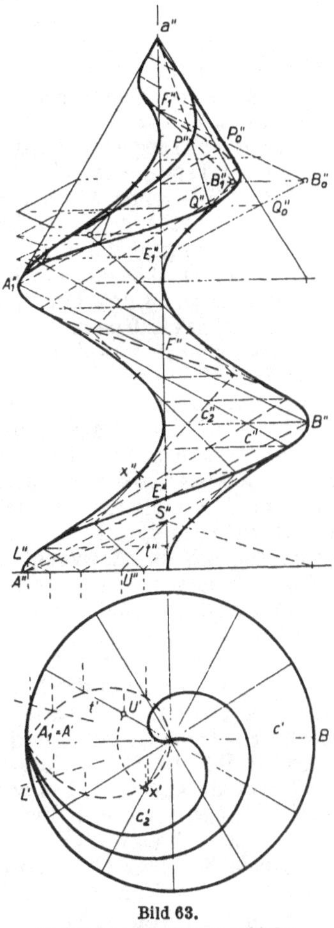

Bild 63.
Korkzieher, Schnitt von schiefer Schraubenfläche mit koaxialem Kegel

Dann beschreibt X bei der Schraubung von c eine Schraubenlinie s. Ist nun X an der betrachteten Stelle Umrißpunkt der Fläche, so muß s'' die Umrißlinie und damit den Aufriß c_2'' der Erzeugenden in X'' berühren. Der Aufriß der Erzeugenden ist somit Aufriß einer Tangente der Schraubenlinie s. Auf Grund der im vorigen Abschnitt beschriebenen Tangentenkonstruktion gibt es eine Erzeugende t des Tangentenkegels, die zur Tangente von s in X parallel ist. Die Spitze S des Tangentenkegels befindet sich von der Projektionsachse im Abstand des Parameters der Schraubung. t'' geht durch S'' parallel zu c_2''. Der Grundriß t' ist der zu c_2' senkrechte Radius des Grundkreises (im umgekehrten Drehsinn). Der Spurpunkt von t ist U. Durchläuft X die Schraubenlinie s, so beschreibt U den Grundkreis des Zylinders, auf dem s liegt. Dieser Kreis schneidet c_2' im Punkt X'.

Wir sind bei unserer Überlegung davon ausgegangen, daß c_2'' der Aufriß einer Tangente einer Schraubenlinie s mit gegebener Ganghöhe (bzw. Parameter) ist, und haben daraus den Grundkreis des Zylinders ermittelt, auf dem s liegen muß. Durch Herauf loten des Punktes X' auf c_2'' erhalten wir den Berührungspunkt X'' von c_2'' mit der Umrißlinie. Zugleich mit X'' kennt man den Berührungspunkt auf den entsprechend gelegenen Erzeugenden. Die Punkte sind im Aufriß von Bild 63 markiert.

Die Korkzieherfläche ist bis zu ihrem Schnitt mit der Grundrißebene gezeichnet. Die Schnittkurve des Korkziehers mit der Grundrißebene erscheint im Grundriß in wahrer Gestalt. Die einzelnen Punkte des Schnittes ergeben sich als die Grundrißspurpunkte der erzeugenden Geraden. In Bild 63 ist die Konstruktion von sechs Punkten der Kurve eingezeichnet. Um weitere Punkte der Kurve zu erhalten, konstruiert man Zwischenlagen der erzeugenden Geraden der Schraubenfläche. So ist z. B. L ein Punkt der Schraubenlinie, dessen Grundriß L' einen zwölftel Kreis halbiert. L'' liegt um $^1/_{24}$ Ganghöhe über A''. Die Erzeugende durch L bestimmt einen weiteren Punkt des Grundrißschnittes.

Eine Schraubenfläche läßt sich nicht etwa nur durch Schraubung eines Meridianschnittes erzeugen. Verschraubt man eine beliebige Kurve, die auf der Fläche liegt, so beschreibt diese zum mindesten einen Teil der Schraubenfläche. Zum Beispiel können wir die Korkzieherfläche durch Schraubung ihres Grundrißschnittes erzeugen. Daraus folgt: Alle waagerechten Ebenen schneiden eine Schraubenfläche in kongruenten Kurven.

Um dem Korkzieher eine Spitze zu geben, wollen wir ihn mit einem koaxialen Kegel zum Schnitt bringen. In Bild 63 sind die Umrißmantellinien des Kegels eingezeichnet. Der Grundkreis des Kegels hat den gleichen Durchmesser wie der Zylinder der Randschraubenlinie des Korkziehers. Der Schnitt der Schraubenfläche mit dem Kegel ergibt sich durch Konstruktion der Schnittpunkte der Erzeugenden der Schraubenfläche mit dem Kegel. Wir denken den Korkzieher durch Schraubung des Dreiecks $F\,B\,E$ erzeugt und betrachten die Stellung $F_1\,B_1\,E_1$ des erzeugenden Dreiecks. Sein Schnitt mit dem Kegel läßt sich mittels Mongescher Drehung ermitteln. Das Dreieck $F_1 B_1 E_1$ wird um F_1E_1 in frontale Lage gedreht, so daß B_1 nach B_0 wandert. Das frontale Dreieck $F_1 B_0 E_1$ schneidet die Umrißmantellinie des Kegels in P_0 und Q_0. Durch Zurückdrehen des Dreiecks in seine ursprüngliche Lage ergeben sich die Schnittpunkte P, Q des Korkziehers mit dem Kegel. In der gleichen Weise können wir eine Anzahl von Punkten der Durchdringungskurve im Aufriß und Grundriß ermitteln und mittels Kurvenlineal die Projektionen der Kurve zeichnen. In Bild 63 sind die Konstruktionslinien für die ersten vier aufeinanderfolgenden Lagen des erzeugenden Dreiecks angegeben. Die außerhalb des Kegels gelegenen Teile des Korkziehers denken wir abgeschnitten. Zur Erhöhung der Anschaulichkeit wurden auf beiden Flächen die Erzeugenden (in gleichen Winkelintervallen) eingezeichnet. Die entsprechenden Meridianschnitte müssen lückenlose Linienzüge sein. Sie lassen sich in Bild 63 leicht verfolgen.

24. Schrauben

Die verbreitetste Anwendung finden die Schraubenflächen in den *Schrauben*; diese entstehen durch schraubenförmiges Einschneiden gewisser Profile in zylindrische Körper. Je nach dem Profil unterscheidet man die *flachgängige Schraube* (Rechteckprofil Bild 64), die *scharfgängige*

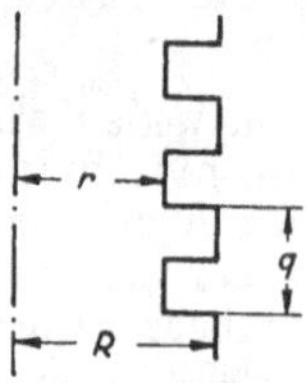

Bild 64. Flachgängiges Schraubenprofil

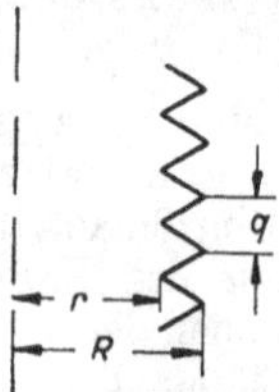

Bild 65. Scharfgängiges Schraubenprofil

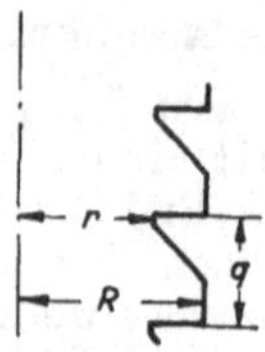

Bild 66. Trapezförmiges Schraubenprofil

Schraube (Dreiecksprofil, Bild 65) und *Trapezgewinde* (Trapezprofil, Bild 66). Der Durchmesser $2\,R$ des zylindrischen Körpers, in den das Gewinde eingeschnitten wird, heißt Bolzendurchmesser. Der kleinste Durchmesser des Gewindes $(2\,r)$ ist der Kerndurchmesser. Dieser ist maßgebend für die Zugfestigkeit der Schraube.

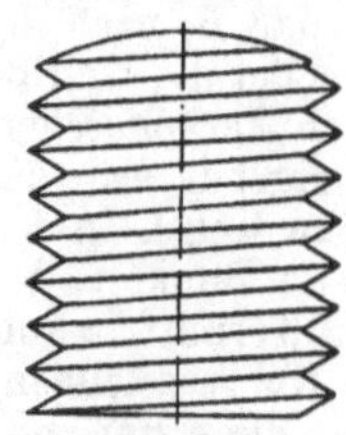

Bild 67 Schemat. Darstellung einer einfachen, scharfgängigen Schraube

Der halbe Meridianschnitt durch eine Schraube zeigt stets einen periodischen Linienzug. Die Länge q einer Periode nennen wir die *Höhe* oder auch die *Periode des Profils*. Zwischen der Höhe q des Profils und der Ganghöhe h der Schraubung muß stets eine ganzzahlige Relation bestehen. Ist $h = q$, so spricht man von einer einfachen oder eingängigen Schraube, bei $h = 2q$ von einer zweigängigen Schraube usw. In der technischen Zeichnung werden die Projektionen einer Schraube stets schematisiert gezeichnet. Bild 67 zeigt eine solche schematische Darstellung einer einfachen scharfgängigen Schraube.

Diese schematischen Darstellungen sind als rohe Näherungen der senkrechten Projektionen anzusehen und erfüllen in der technischen Zeichnung ihren Zweck. In der Darstellenden Geometrie konstruiert man die Projektionen in der gleichen Weise, wie in den letzten Abschnitten erläutert wurde. Wir wollen als Beispiel eine einfache scharfgängige Schraube in Grund- und Aufriß wiedergeben. Das Dreieck ABC (Bild 68) bestimmt das Schraubenprofil. Die Ganghöhe ist gleich der Seite AB des Dreiecks. Bei der Verschraubung beschreibt jeder der drei Punkte eine Schraubenlinie. Der Punkt B gelangt nach einem Umlauf in den Punkt A. Die Konstruktion der Schraubenlinien bietet nichts Neues. Dagegen wollen wir die Bestimmung des Umrisses kurz erläutern. Der Umriß im Aufriß wird nicht von den Seiten des Profildreiecks gebildet. Eine Konstruktion einzelner Umrißpunkte ließe sich in der gleichen Weise wie im vorigen Abschnitt durchführen. Jedoch können wir innerhalb der Zeichengenauigkeit die kurzen Stücke der Umrißkurve, die auf den Schraubenflächen der einzelnen Gänge liegen, als geradlinig ansehen. Die Schraubenlinien der Punkte B und C liegen auf der gleichen schiefen Schrau-

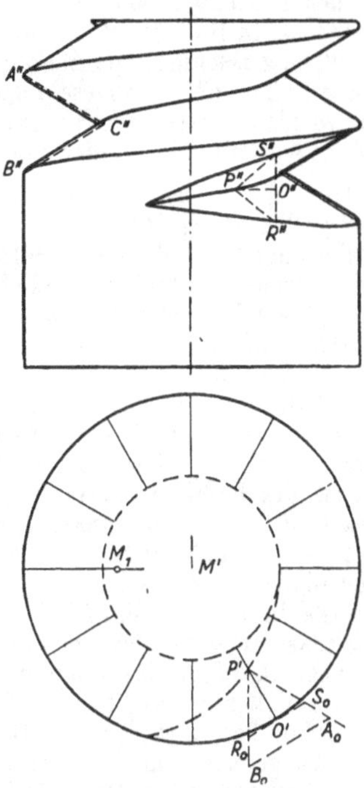

Bild 68. Scharfgängige Schraube mit Auslauf und Bolzen

benfläche. Die Umrißkurve muß daher beide Schraubenlinien berühren. Wir zeichnen sie als gemeinsame Tangente der Schraubenlinien durch B und C. Der Umriß der oberen Schraubenfläche dieses Gewindeganges ist die Tangente an die Schraubenlinien durch A und C. Sie wird in der Umgebung von C'' durch die erste Umrißtangente verdeckt. In Bild 68 sind die unsichtbaren Kanten im Aufriß nicht eingezeichnet. Die Schraube ist nach oben durch eine waagerechte Ebene abgeschnitten. Jedoch ist die Schnittkurve nicht im Grundriß angegeben. Sie wird in derselben Weise wie beim Korkzieher konstruiert.

Die Konstruktion des Gewindeauslaufs verdient einige Beachtung. Wenn man mittels eines geeigneten Profilstahles das Gewinde in den Bolzen einschneidet, so läßt man am Bolzenende durch allmähliches Herausziehen des Stahles das Gewinde auslaufen. Dabei möge sich die Spitze des Stahles auf einem Zylinder bewegen, dessen Achse parallel zur Bolzenachse durch den Punkt M_1 des Grundrisses geht. Der Grundkreis des Zylinders ist im Bild 68 gestrichelt angegeben. Die Stahlspitze beschreibt beim Auslauf eine Schraubenlinie gleicher Ganghöhe auf dem Zylinder, dessen Achse durch M_1 geht. Wir wollen feststellen, welcher Teil des Profilstahles im Punkte P noch im Innern des Bolzens liegt; dabei nehmen wir an, daß das Profil stets in einer Meridianebene des Bolzens liegt. Dann fällt der Grundriß des Profils in die Gerade $P'M'$. Durch Umlegen des Profildreiecks um seine waagerechte Mittellinie erhalten wir das Dreieck $A_0\, P'\, B_0$, das kongruent zu $A\, C\, B$ ist. Man erkennt sofort, daß nur das Stück $P'R_0S_0$ des Dreiecks nach dem Zurückdrehen im Innern des Bolzens liegt. Wir loten O' auf die Waagerechte durch P'' in den Aufriß und erhalten O''. Auf dem Aufriß der Mantellinie durch O tragen wir $O''\, S'' = O'\, S_0$ und $O''\, R'' = O'\, R_0$ ab und erhalten zwei Punkte der Randkurve des Gewindeauslaufes. Durch Konstruktion einiger solcher Schnitte läßt sich der Aufriß des Gewindeauslaufes leicht angeben.

IV. Kotierte Projektionen

In Band I, 3 hatten wir zwei Verfahren angegeben, um mit senkrechten Projektionen umkehrbar eindeutige Abbildungen des Raumes auf die Zeichenebene zu gewinnen. Neben dem Zweitafelverfahren, dem die vorhergehenden Kapitel gewidmet sind, steht das Verfahren der kotierten Projektionen. Hier wird nur eine Projektionsebene verwendet und die Lage der Punkte im Raume dadurch festgelegt, daß man die Höhe über der Projektionsebene als Zahl oder Kote neben die Projektion schreibt. Das Wort *kotiert* stammt wohl von dem französischen *coté* und hat sich mit dem Verfahren eingebürgert, das in seinen Grundzügen in der zweiten Hälfte des 18. Jahrhunderts in Frankreich entstanden ist.

25. Grundbegriffe, Maßstab, Schichtebenen

Bild 69 zeigt die senkrechten Projektionen A', B' zweier Punkte nebst ihren Koten. Der Punkt A des Raumes liegt um zwei Maßeinheiten, B um sieben Maßeinheiten über der Projektionsebene, die man hier auch *Bezugsebene* oder *Vergleichsebene* nennt. Alle Höhen werden auf diese Ebene bezogen. Das Verfahren der kotierten Projektionen ist eine Kombination von geometrischen Gebilden mit Zahlen. Es hat nur dann einen Sinn, wenn die Maßeinheit oder ein Maßstab angegeben ist, der die Verbindung zwischen den Zahlen und den geometrischen Längen herstellt. Das kann in der Art des Bildes 69 durch zeichnerische Wiedergabe des Maßstabes geschehen. Oft begnügt man sich damit, die Maßeinheit und das Verkleinerungsverhältnis auf der Zeichnung zu vermerken, wie Bild 70 zeigt.

Die Bedeutung der Längeneinheit und des Maßstabes mag die folgende Überlegung hervorheben. Betrachten wir eine Grund- und Aufrißzeichnung, z. B. die Pyramide in Band I, Bild 76. Je nach Wahl des Maßstabes wird der in der Zeichnung dargestellte Körper ähnlich vergrößert oder verkleinert. Zwei Körper heißen bekanntlich ähnlich, wenn entsprechende Winkel gleich sind und entsprechende Längen in festem Verhältnis stehen. Eine

Grund- und Aufrißzeichnung, die keinen Maßstab enthält, bestimmt den dargestellten Körper bis auf ähnliche Vergrößerungen. Anders verhält es sich bei kotierten Projektionen. Bleiben wir bei dem Beispiel der Pyramide. Ihre kotierte Projektion entsteht aus dem Grundriß des Bildes 76 (Band I), indem wir die Koten an die Projektionen der Eckpunkte schreiben. Die Punkte des Basisrechtecks erhalten die Kote 0. Die Kote von S ist gleich der Länge der Strecke $T\,S''$. Wählen wir als Einheit 1 cm und das Verkleinerungsverhältnis 1:1, so hat S die Kote 1,7. Damit ist die Zeichnung der Pyramide nach dem Verfahren der kotierten Projektionen fertig. Angenommen, wir hätten nun vergessen, den Maßstab und die Maßeinheit auf die Zeichnung zu schreiben, was können wir dann aus der Zeichnung über den Körper aussagen? Setzen wir die Geradlinigkeit der Kanten als gegeben voraus, so ist der Körper eine Pyramide, deren Basis dem Grundrißrechteck ähnlich, deren Höhe aber unbestimmt ist. Die kotierte Projektion, deren Verkleinerungsverhältnis bekannt, deren Maßeinheit aber unbekannt ist, bestimmt den dargestellten Körper nur bis auf affine Verzerrungen in Richtung der Projektionsstrahlen. Ist auch das Verkleinerungsverhältnis unbekannt, so kommt außerdem noch eine Ähnlichkeit hinzu. Im allgemeinen Sprachgebrauch ist der Begriff Maßstab nicht einheitlich; wir wollen als Maßstab grundsätzlich das Verkleinerungsverhältnis und die Maßeinheit verstehen. Dann können wir sagen: Eine kotierte Projektion, deren Maßstab bekannt ist, bestimmt den dargestellten Körper im allgemeinen eindeutig.

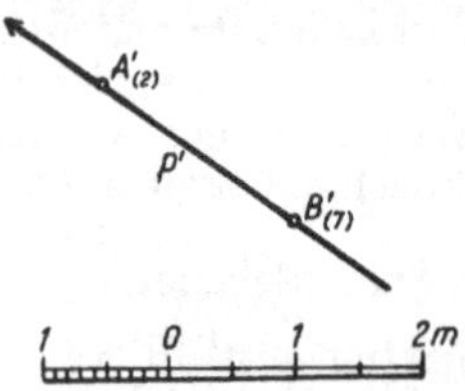

Bild 69. Kotierte Projektion zweier Punkte

Bei den Anwendungen des Projektionsverfahrens würde es lästig, wenn nicht unmöglich sein, an alle Punkte die Koten anzuschreiben. Um das zu vermeiden und gleichzeitig die Projektionen anschaulicher zu gestalten, denkt man den Raum durch eine Schar von Schichtebenen oder Niveauebenen gegliedert. Die Schar der Schichtebenen besteht aus den zur Bildebene π parallelen Ebenen, die von π ganzzahligen Abstand haben. Oft wählt man auch ein Vielfaches oder einen Bruchteil der Einheit als Abstand der Schichtebenen bzw. als Schichtdicke. Die Punkte einer Schichtebene haben sämtlich die gleiche Kote. Die Darstellung eines räumlichen Gebildes, z. B. einer Fläche, geschieht in der Art, daß man den Grundriß der Schnittlinien des Gebildes (Fläche) mit den Schichtebenen, die sog. Schichtlinien des Gebildes (der Fläche), zeichnet. Das ist der leitende Gedanke, auf dem alle Konstruktionen nach dem Verfahren der kotierten Projektionen beruhen. Die Anwendbarkeit des Verfahrens ist daher beschränkt auf die Darstellung solcher Gegenstände, im wesentlichen solcher krummen Flächen, deren Schichtenplan übersichtlich ist (s. auch **34**).

26. Darstellung von Gerade und Ebene

Eine Gerade p des Raumes, die nicht parallel zur Bezugsebene ist, schneidet die Schar der Schichtebenen in einer Punktfolge, deren Punkte gleichen Abstand voneinander haben. Ist p nicht senkrecht zur Bezugsebene, so ist die Projektion eine Gerade p'. Die Punktfolge von p wird in eine äquidistante Punktfolge auf p' abgebildet. Sie bildet den *Gefällemaßstab der Geraden p* in der kotierten Projektion. Der Abstand zweier aufeinanderfolgenden Punkte der Folge heißt das *Intervall* des Gefällemaßstabes oder kurz das Intervall der Geraden. In Bild 69 ist durch die Punkte A (2) und B (7) die Verbindungsgerade p gelegt. Ihre Projektion ist p'. Teilt man die Strecke $A'B'$ in fünf gleiche Teile, so ergibt sich der Gefällemaßstab. Das Intervall ist $^1/_5$ der Strecke $A'B'$.

Um die Beziehungen zwischen dem Intervall und der Neigung α oder dem Gefälle $tg\,\alpha$ einer Geraden p zu erkennen, betrachten wir Bild 70. Hier sei p' die Projektion einer Geraden p, die durch den Punkt 0 der Bezugsebene geht und den Winkel α mit der Bezugsebene einschließt. Die durch p gehende projizierende Ebene $\mathfrak{P}$ schneidet die Schichtebenen in einer Schar paralleler Geraden, deren gegenseitiger Abstand gleich der Maßeinheit ist (wenn keine andere Schichtdicke vereinbart wurde). Legen wir $\mathfrak{P}$ um die Grundrißspur in die Bildebene um, so erscheinen ihre Schichtlinien als Parallelen zu p'. Sie sind in Bild 70 mit h^0_1, $h^0_2, \ldots$ bezeichnet. Gleichzeitig mit $\mathfrak{P}$ wird die Gerade p

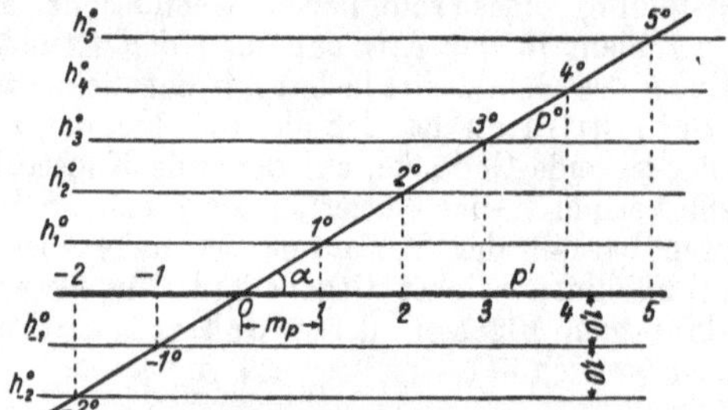

E = 1 m Maßstab 1 : 250

Bild 70. Gefällemaßstab und Umlegung einer Geraden mit dem Intervall m_p

umgelegt. Sie geht dabei über in die Gerade p^0 durch 0, die mit p' den Winkel α bildet. Loten wir die Schnittpunkte von p^0 mit den Schnittlinien h^0_1, $h^0_2, \ldots$ auf p', so erhalten wir den Gefällemaßstab der Geraden p mit dem Intervall m_p. Je größer der Neigungswinkel α, d. h. je steiler die Gerade, desto kleiner ist das Intervall. Aus Bild 70 liest man sofort die Beziehung ab

$$\operatorname{tg}\alpha = \frac{1}{m_p}.$$

Die Neigung einer Geraden im Raum ist bestimmt, wenn ihr Gefällemaßstab gegeben ist. Man pflegt die Projektion noch mit einem Pfeil zu versehen, der in Richtung abnehmender Zahlen des Gefällemaßstabes zeigt. Zur Vermeidung von Verwechslungen weisen wir nochmal auf den Unterschied der Begriffe Neigungswinkel α, Gefälle $\operatorname{tg}\alpha$, und Intervall $\dfrac{1}{\operatorname{tg}\alpha}$ hin.

Als einfaches Beispiel erwähnen wir die Aufgabe: Welches ist das Intervall der Geraden durch die Punkte A (5, 6) und B (4,0)? Die Strecke $A'B'$ wird in 16 gleiche Teile geteilt; der 10. Teilpunkt von B aus ist der Punkt der Schicht 5. Bild 71 zeigt die zeichnerische Ausführung. Dabei empfiehlt sich, ein ganzzahliges Vielfaches der Maßeinheit (1 m) zur Teilung der Hilfsgeraden q zu verwenden.

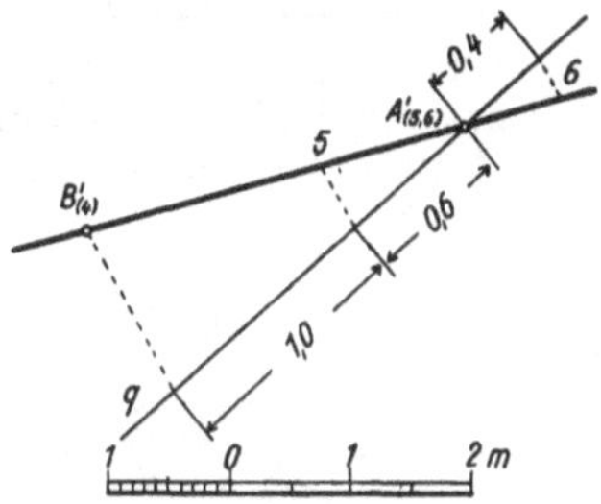

Bild 71. Bestimmung von Intervall und Gefällemaßstab einer Geraden durch die Punkte A, B

Eine Ebene $\mathfrak{A}$, die nicht parallel zur Bezugsebene ist, schneidet die Schichtebenen in einer Schar von Höhenlinien, deren Projektion den *Schichtenplan der Ebene* $\mathfrak{A}$ darstellt.

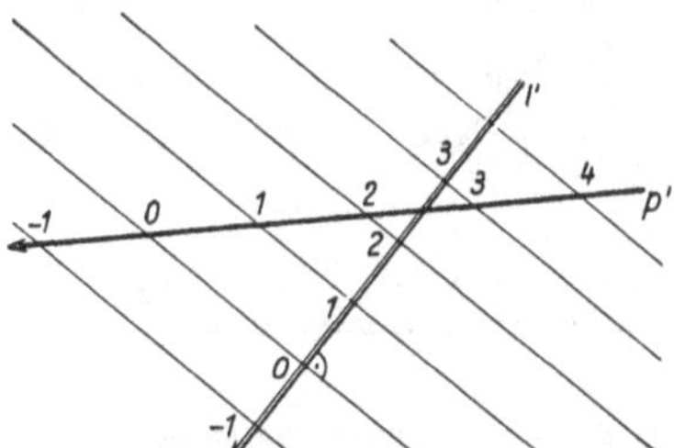

Bild 72. Schichtenplan und Gefällemaßstab einer Ebene. Die Gerade p liegt in der Ebene

Im allgemeinen denkt man auf der Ebene $\mathfrak{A}$ eine Fallinie l gegeben (I, **13**). Dann ist die Lage der Ebene durch den Gefällemaßstab von l bestimmt. Um in der Zeichnung anzudeuten, daß l eine beliebige Fallinie vertritt, also lediglich die

Ebene und nicht eine bestimmte Gerade festlegen soll, wird l' durch eine gerichtete Doppellinie wiedergegeben (Bild 72). Man nennt diese Doppellinie, die die Schichtlinien senkrecht schneidet, den *Gefällemaßstab der Ebene.*

27. Grundaufgaben über Gerade und Ebene

Ähnlich wie in Band I, Kapitel II und III für das Zweitafelverfahren bildet eine Anzahl elementarer Konstruktionsaufgaben über Ebenen und Geraden die Grundlage für

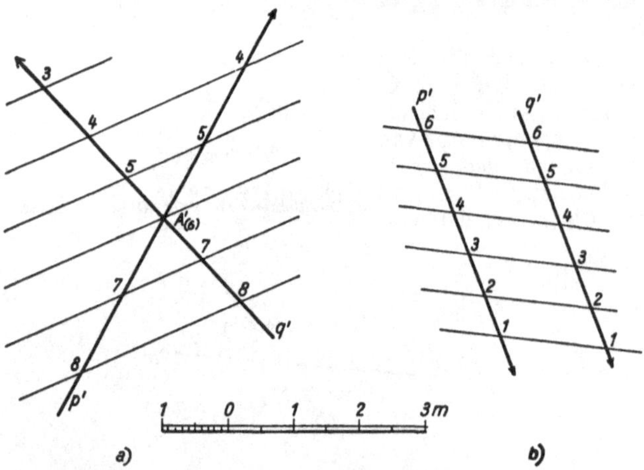

Bild 73. Ebene durch zwei sich schneidende oder parallele Geraden

die praktischen Anwendungen des Verfahrens der kotierten Projektionen. Wir wollen die wichtigsten kurz besprechen.

a) Eine Gerade p liegt in einer Ebene $\mathfrak{A}$, wenn die Punkte des Gefällemaßstabes der Geraden auf den gleichzahligen Höhenlinien der Ebene liegen (Bild 72).

b) Zwei Geraden p und q mit den Gefällemaßstäben p' und q' schneiden sich, wenn die Verbindungslinien gleichzahliger Punkte der Gefällemaßstäbe eine

Schar paralleler Geraden bilden (Bild 73a). Die parallelen Geraden sind die Schichtlinien der Ebene, die von den beiden Geraden aufgespannt wird. Bild 73b zeigt den Fall paralleler Geraden p, q.

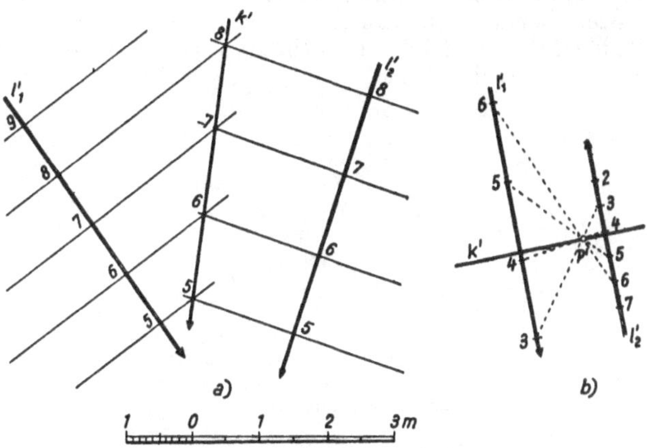

Bild 74a, b. Schnittgerade zweier Ebenen

c) Die Schnittgerade zweier Ebenen, deren Gefällemaßstäbe bekannt sind (Bild 74a), ist der geometrische Ort der Schnittpunkte gleichzahliger Schichtlinien. Die Schnittpunkte der Schichtlinien bestimmen zugleich den Gefällemaßstab der Schnittgeraden k der beiden Ebenen.

Das Verfahren versagt, wenn die Gefällemaßstäbe (bzw. die Schichtlinien) der beiden Ebenen zueinander parallel sind (Bild 74b). Aus der Stellung der Ebenen erkennt man sofort, daß ihre Schnittgerade k parallel zu den Schichtlinien verläuft. Um einen Punkt von k' zu finden, verbindet man zwei (oder mehr) Paare gleichzahliger Punkte des Gefällemaßstabes der beiden Ebenen. Die Punktreihen der beiden Gefällemaßstäbe sind einander ähnlich mit dem Ähnlichkeitszentrum P', durch das k' hindurchgeht.

d) Die Ebene durch einen Punkt A (5,5) und eine Gerade a ergibt sich, indem man auf dem Gefällemaßstab a' durch Unterteilung (Interpolation) die Höhenzahl von A bestimmt, d. i. in unserem Beispiel (Bild 75) der Punkt 5,5, der das Intervall 5 6 halbiert, und diesen Punkt mit A' verbindet. Damit kennt man eine Schichtlinie der Ebene. Die Parallelen dazu durch die Maßzahlen von a' bilden den Schichtenplan der Ebene.

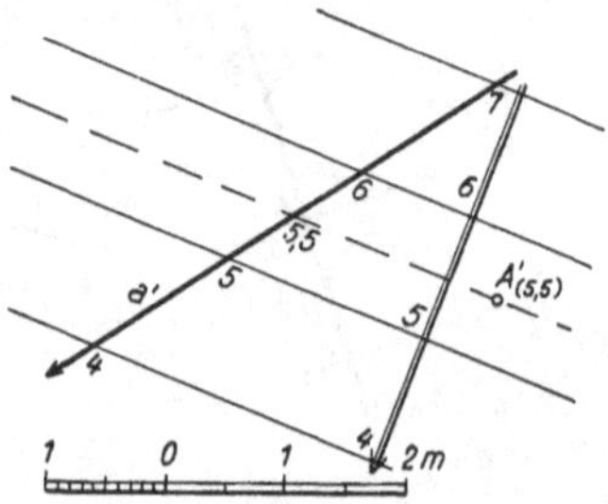

Bild 75.
Ebene durch den Punkt A und die Gerade a

e) Die Bestimmung der Ebene durch drei Punkte A, B, C, deren kotierte Projektionen gegeben sind, läßt sich zurückführen auf die unter b besprochene Aufgabe. Man bestimmt die Gefällemaßstäbe der Geraden $A\,B$ und $C\,B$. Die gesuchte Ebene geht durch diese beiden Geraden.

f) Um den Schnittpunkt einer Geraden a mit der Ebene $\mathfrak{A}$ zu bestimmen, legt man durch a eine beliebige Hilfsebene und konstruiert deren Schnittgerade mit $\mathfrak{A}$ (Bild 76). Dazu zeichnen wir durch zwei oder mehrere Punkte des Gefällemaßstabes a' beliebige zueinander parallele Geraden (in Bild 76 gestrichelt), die als Schichtlinien der Hilfsebene anzusehen sind und den Schichtenplan der Hilfsebene bilden. Die Verbindungsgerade k' der Schnittpunkte gleichzahliger Schichtlinien von $\mathfrak{A}$ und der Hilfsebene ist die Schnittgerade der letzteren mit 𝔄. Sie schneidet a' in dem gesuchten Punkt P'. Die Kote von P ergibt sich aus dem Teilverhältnis, in dem P' das Intervall 5 6 von a' teilt.

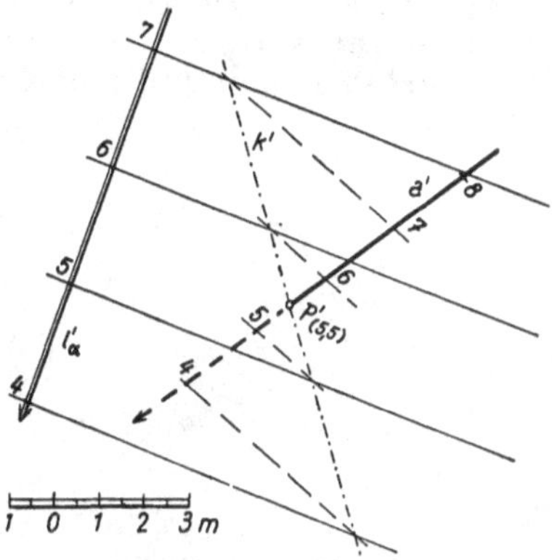

Bild 76. Konstruktion des Schnittpunktes von Gerade und Ebene

28. Böschungskegel

Der geometrische Ort aller Geraden, die durch einen festen Punkt A gehen und sämtlich die gleiche Neigung gegen die Bezugsebene haben, ist ein Kegel. Wenn der Gefällemaßstab a' einer durch A gehenden Geraden gegeben ist, so bilden die konzentrischen Kreise mit dem Mittelpunkt A', die durch die ganzzahligen Punkte des Gefällemaßstabes a' gehen, den Schichtenplan des Kegels. Das Intervall m von a' bestimmt das Gefälle aller Kegelerzeugenden. Man spricht von dem *Böschungskegel des Intervalles m* durch den Punkt A. Bei allen Aufgaben, bei denen das Gefälle und damit das Intervall von Geraden, Ebenen oder Flächenstücken gegeben ist, stellt der Böschungskegel ein wichtiges Konstruktionsmittel dar.

Die Bezeichnung Böschungskegel kommt aus der Praxis des Erdbaues. Denken wir die Bezugsebene als waagerechtes Stück der Erdoberfläche und werfen über dem Punkt A' der Grundebene einen Sandhaufen auf, so entsteht ein kegelförmiger Körper, dessen Oberflächenneigung man die Böschung des Sandberges nennt.

Zwei einfache Beispiele mögen die Bedeutung des Böschungskegels erläutern: Durch eine Gerade p mit dem Gefällemaßstab p' sollen die beiden Ebenen

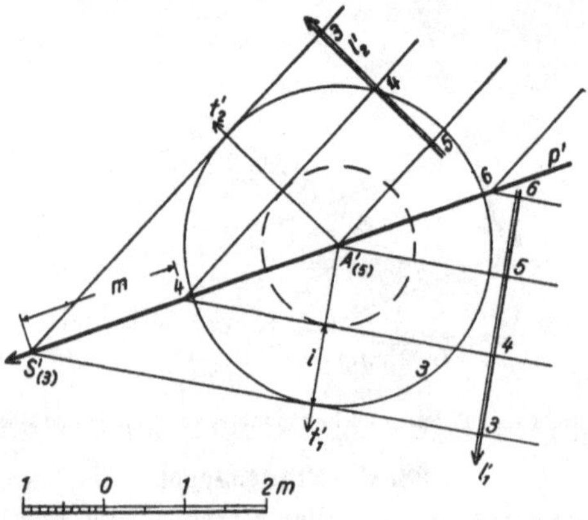

Bild 77. Ebenen gegebener Neigung durch die Gerade p, Konstruktion mit Böschungskegel

des Gefälles $tg\,\psi$ bzw. des Intervalles i gelegt werden. Dabei setzen wir voraus, daß das Intervall m von p größer als i ist. Die Neigung der Geraden muß also kleiner sein als die der Ebenen (Bild 77). Zur Lösung der Aufgabe legen wir durch irgendeinen Punkt von p, etwa A (5), den Böschungskegel des Intervalles i; in Bild 77 ist $i = 1$ angenommen. Die Höhenlinie 3 des Kegels ist der Kreis mit dem Radius $2i$ um A'. Die gesuchten Ebenen müssen den Böschungskegel berühren. Legen wir vom Punkt S' (3) von p' die Tangenten an den Kreis, so erhalten wir die Höhenlinien 3 der beiden Ebenen. Ziehen wir durch die ganzzahligen Punkte von p'

die Parallelen zu den beiden Tangenten, so entsteht der Schichtenplan der Ebenen, die die Gerade p mit der gegebenen Neigung ψ abböschen. Die Ebenen berühren den Kegel längs der Erzeugenden t_1 und t_2.

Man sieht jetzt unmittelbar, daß die Voraussetzung $m > i$ notwendig ist. Denn im umgekehrten Fall $(i > m)$ liegt S' (3) im Innern des Kreises und hat keine reellen Tangenten.

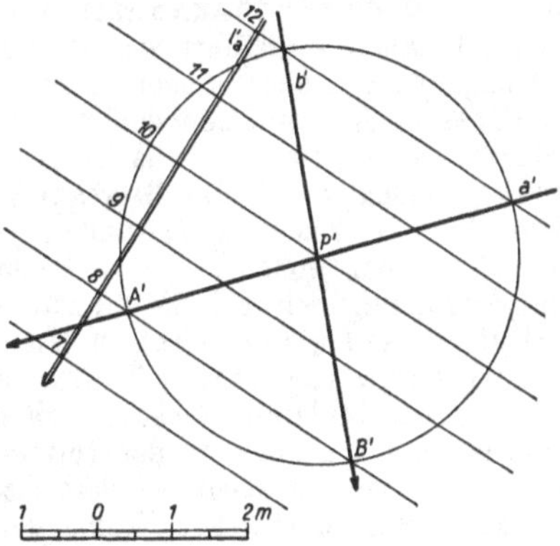

Bild 78. Geraden gegebenen Gefälles in der Ebene 𝔄

Ebenso ist es in der zweiten Aufgabe: **Durch den Punkt** P (10) **der Ebene** 𝔄 **sind die beiden Geraden der Ebene von dem Gefälle** $\frac{1}{m}$ **zu zeichnen.** Auch hier muß das Intervall m der Geraden größer sein als das Intervall i der Ebene. Denn die Gerade stärksten Gefälles einer Ebene ist eine Fallinie, deren Intervall gleich i ist. In Bild 78 ist das Gefälle der Ebene mit 1 : 1, also $i = 1$, und das der Geraden mit 4 : 5, also $m = 1{,}25$ angenommen. Durch P (10) legen wir den Böschungskegel des Intervalles $m = 1{,}25$. Seine Höhenlinie 8 ist der Kreis um P' mit dem Radius $2m = 2{,}5$. Er schneidet die Höhenlinie 8 der Ebene in

A' und B'. Dann sind $a' = P'A'$ und $b' = P'B'$ die Projektionen der beiden Geraden der Ebene mit dem Gefälle 4: 5. Die Schichtlinien der Ebene bestimmen auf a' und b' den Gefällemaßstab.

29. Böschungen einer Terrasse über einer geneigten Ebene

Das wichtigste Anwendungsgebiet der kotierten Projektionen sind die Erdbaukonstruktionen. Alle Bauten, die im Gelände ausgeführt werden, verlangen gewisse Planierungen und Abböschungen. Diese müssen vor Beginn des Baues in Konstruktionszeichnungen festgelegt werden. Dabei nimmt man an, daß die Bezugsebene waagrecht ist und mit einem Stück des Meeresspiegels, der als Nullniveau der Landesvermessung zugrunde liegt (vgl. Abs. 31), zusammenfällt. Wir wollen in einem Beispiel die Anwendung der Grundaufgaben auf die Konstruktionen des Erdbaues erläutern. Auf einem ebenen Hang des Gefälles 1: 5 soll eine waagerechte Terrasse angelegt werden. Die Terrasse bilde ein Rechteck mit den Seitenlängen 80 und 60 m. Die Planierung der Terrasse geschieht teils durch Abtragen von Erdreich aus dem Gelände, dem *Aushub*, teils durch Aufschütten von Erdmassen, dem *Auftrag*. Man wird es meist so einzurichten versuchen, daß die durch Aushub gewonnenen Erdmassen denen entsprechen, die zum Auftrag nötig sind. Der Neigungswinkel, unter dem die Böschungen ausgeführt werden, hängt von der Beschaffenheit des Bodens ab. Im allgemeinen kann man den Aushub steiler abböschen als den Auftrag. Wir wollen folgende Annahme für unsere Aufgabe machen. Der ebene Hang des Geländes hat das Gefälle 1 : 5; der Aushub wird mit dem Gefälle 2 : 3 und der Auftrag mit 1 : 2 abgeböscht. Die Terrasse soll in Höhe 300 angelegt werden. In Bild 79 zeichnen wir zuerst den Maßstab, anschließend den Schichtenplan des ebenen Hanges; dabei wollen wir als Dicke der Schichten 5 m wählen. Den Grundriß des Rechtecks zeichnen wir nach den gegebenen Abmessungen so, daß die Höhenlinie 300 ungefähr die Rechteckfläche halbiert. Wegen der flacheren Auftragsböschung wird dabei etwas mehr Material zum Auftrag gebraucht als der Aushub liefert. Die Schnittgerade der Ebene des Rechtecks mit dem Gelände heißt die *Anschnittlinie* des Erdbauwerkes; sie trennt die Teile des Aushubs von denen des Auftrages.

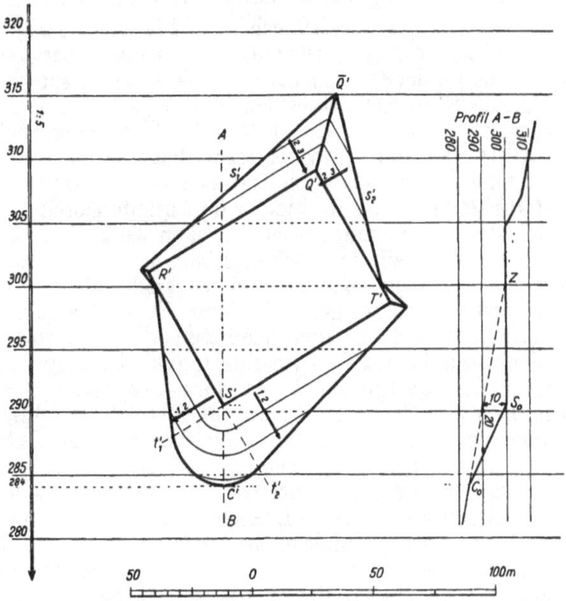

Bild 79. Böschungen einer Terrasse über einem ebenen Hang des Gefälles 1:5

Wir beginnen mit den Böschungen des Aushubes und legen durch die Seiten RQ und QT die entsprechende Ebene vom Gefälle 2 : 3. Senkrecht zu $R'Q'$ zeichnen wir den Gefällemaßstab mit dem Intervall 1,5. Der Punkt 300 dieses Gefällemaßstabes liegt auf $R'Q'$. Der Punkt 305 hat davon den Abstand 7,5 m, der Punkt 310 den Abstand 15 m usw. Die Höhenlinien der Böschungsebene sind die Parallelen zu $R'Q'$ durch die Punkte 305, 310, ... des Maßstabes. Die Schnittpunkte der Höhenlinien der Böschungsebene mit den gleichzahligen Höhenlinien des Geländes bestimmen die Schnittgerade s_1. Ebenso verfahren wir mit der Böschungsebene durch QT. Ihre Schnittgerade s_2 mit dem Gelände trifft die Rechteckseite $Q'T'$ auf der Höhenlinie 300. Die Geraden s_1 und s_2 schneiden sich in $\overline{Q}$. Die Strecke $Q'\overline{Q}'$ ist die Projektion der Schnittgeraden der beiden Böschungsebenen; sie ist der Ort der Schnittpunkte der entsprechenden Höhenlinien. Da die beiden Böschungsebenen gleiche Neigung haben, muß die Gerade $Q'\overline{Q}'$ den Winkel des Rechtecks bei Q' halbieren. Diese Tatsache dient oft zur Vereinfachung der Konstruktion. So liegt zum Beispiel ein kleines Stück der Seite RS des Rechteckes im Aushub. Durch dieses Stück ist die Böschungsebene mit dem Gefälle 2 : 3 zu legen. Das Stück dieser Böschungsebene ist aber so klein, daß es genügt, wenn man ihre Schnittgerade mit dem Gelände angibt. Dazu zeichnen wir durch R' die Halbierende des rechten Winkels bis zum Schnitt mit s'_1 und verbinden den Schnittpunkt mit dem Anschnittpunkt der Seite $R'S'$. Damit ist die Konstruktion des Aushubs vollendet.

Die Konstruktion des Auftrages wird zunächst in der gleichen Weise durchgeführt mit dem einzigen Unterschied, daß hier die Böschungen das Gefälle 1 : 2 und daher das Intervall $i = 2$ haben. Bei der Aufschüttung des Auftrages bei S werden die Erdmassen keine Kante, sondern einen Böschungskegel bilden. Es empfiehlt sich, die Auftragskonstruktion mit dem Böschungskegel vom Gefälle 1 : 2 durch den Punkt S zu beginnen. Die Schichtlinien sind konzentrische Kreise im Abstand 10 m. Die Böschungsebenen durch RS und ST berühren den Kegel längs der Erzeugenden t_1 und t_2. Der Böschungskegel schneidet die Geländeebene in einer Ellipse. Von dieser kennen wir die Punkte auf t_1, t_2 und in diesen Punkten die Tangenten; denn die Ellipse wird hier von den Schnittgeraden der Böschungsebenen mit dem Gelände berührt. Außerdem sind die Schnittpunkte des Schichtkreises 285 mit der Schichtlinie 285 des Geländes zwei Punkte der Ellipse.

Um den unteren Scheitel der Ellipse zu bestimmen, legen wir durch S eine vertikale Ebene, die die Höhenlinien des Geländes senkrecht schneidet. Vertikale Schnitte durch Geländeflächen nennt man *Geländeprofile* oder kurz *Profile* (s. auch 32). Wir konstruieren also das Profil SB durch unsere Anlage. Die Profilebene wird um ihre Grundrißspur oder um eine geeignete Höhenlinie in die waagerechte Lage gedreht. Um die Zeichnung nicht unübersichtlich zu machen, zeichnet man die Umlegung am rechten oder linken Rand des Bildes. Bei der Umlegung der Profilebene, die wir um die Schichtlinie 280 ausgeführt haben, erscheinen ihre Schichtlinien als parallele Geraden. Auf diese loten wir die entsprechenden Schichtpunkte des Schichtenplanes, die auf der Profilgeraden SB liegen. Zur Veranschaulichung haben wir das Profil von A bis B durch den ganzen Plan gelegt. Man findet sofort die Spur der Geländeebene im Profil. Durch Herüberloten auf die Umlegung des Profils ergibt sich S_0 und der andere Terrassenpunkt in Höhe 300 sowie der Profilpunkt der Böschungskante im Gelände. Die Mantellinie des Böschungskegels, die in der Profilebene liegt, hat das Gefälle 1 : 2. Die Gerade dieses Gefälles durch S_0 (Bild 79 rechts) schneidet die Geländespur in C_0. Projizieren wir C_0 auf $A\,B$, so erhalten wir in C' den Scheitel der Ellipse und können diese in guter Näherung zeichnen.

30. Bestimmung des Erdvolumens

Die im vorigen Abschnitt behandelte Aufgabe legt die Frage nahe: Wieviel Kubikmeter Erde sind zur Planierung der Terrasse zu befördern? Die Antwort ist von entscheidender Bedeutung für die Abschätzung des Arbeitsaufwandes und damit der Baukosten. Die Verfahren, die zur Bestimmung der Erdmassen gebräuchlich sind, führen zwar aus dem engeren Rahmen der Darstellenden Geometrie heraus; wir wollen sie trotzdem hier kurz besprechen. Der Aushub bildet einen Körper, der von der Geländeebene, dem trapezförmigen Stück der Terrasse und den Böschungsebenen begrenzt wird. In dem einfachen Beispiel des Bildes 79 läßt sich das Volumen des Aushubkörpers leicht exakt berechnen. Bei allgemeineren Aufgaben ist das jedoch nicht möglich. Man verwendet deshalb Näherungsverfahren, und zwar sind zwei verschiedene üblich.

Wir beschreiben zuerst das Schichtenverfahren, da es dieser Aufgabe angemessener ist. Der Aushubkörper wird durch die Schichtebenen in plattenförmige Stücke geteilt. Die unterste Platte z. B. wird begrenzt durch die Schichtebene 300 als Boden und die Schichtebene 305 als

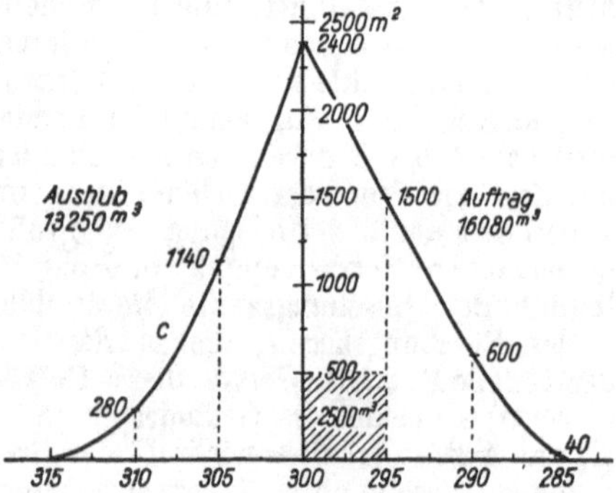

Bild 80. Bestimmung des Volumens der Erdbewegung für den Terrassenbau des Bildes 79 nach dem Schichtenverfahren

Deckel. Die Seitenebenen der Platte bilden die Böschungen. Das Volumen der Platte ist kleiner als das Produkt aus Bodenfläche und Dicke, dagegen größer als das Produkt aus Deckelfläche und Dicke. Der Unterschied wird um so kleiner, je dünner die Schichtdicke gewählt wird. Wir müssen ein Verfahren suchen, das möglichst den richtigen Mittelwert liefert.

Der Flächeninhalt der einzelnen Schichtebenen des Aushubkörpers läßt sich mühelos mit einem Planimeter oder, wenn ein solches nicht zugänglich ist, durch Auszählen mit aufgelegtem Millimeterpapier bestimmen. In einem rechtwinkligen Koordinatensystem, dessen x-Achse die Schichthöhen angibt, und auf dessen y-Achse der Flächeninhalt in m^2 gemessen wird, tragen wir die Flächeninhalte der einzelnen Schichten auf. In Bild 80 haben wir die Höhe 300 der Terrasse auf die y-Achse gelegt. Die Flächen der einzelnen Schichten des Aushubs sind 2400 m^2 in Höhe 300, 1140 m^2 in Höhe 305 und 280 m^2 in Höhe 310. Der höchste Punkt des Aushubs hat die Höhe 315, diesen markieren wir auf der x-Achse. Verbinden wir jetzt die vier Punkte (Bild 80 links) durch eine möglichst glatte Kurve c, so gibt der Inhalt des Flächenstückes, das von der Kurve c und den beiden Koordinatenachsen eingeschlossen ist, näherungsweise das Volumen des Aushubkörpers wieder. Oft genügt statt der Kurve c der Streckenzug durch die gegebenen Punkte. Man erkennt, daß bei diesem Verfahren für jede Schichtplatte ein mittlerer Volumenwert in Rechnung gesetzt wird. Um den Zahlenwert des Volumens zu ermitteln, muß man wissen, welches Volumen der Flächeneinheit in Bild 80 entspricht. Das schraffierte Quadrat gibt das Volumen einer Platte der Dicke 5 m und der Grundfläche 500 m^2, also 2500 m^3 an. Wir erhalten schließlich für den Aushub 13250 m^3.

Wer etwas mit der Integralrechnung vertraut ist, wird sofort erkennen, daß unser Verfahren den genauen Wert des Volumens liefert, wenn wir die Dicke der einzelnen Schichten unbegrenzt verkleinern und die Zahl der Schichten entsprechend erhöhen.

Das Volumen des Auftrages wird in der gleichen Weise berechnet. In Bild 80 rechts sind die Flächeninhalte der einzelnen Schichten des Auftrages eingezeichnet und durch einen Kurvenzug verbunden. Der Inhalt des Flächenstückes in Bild 80, das von der rechten Kurve und den Koordinatenachsen begrenzt ist, liefert in der angegebenen Einheit für den Auftrag 16080 m^3.

Auf ähnlichen Überlegungen beruht das zweite Verfahren der Volumenbestimmung, das wir Profilverfahren nennen wollen. Durch den Schichtenplan werden eine größere Zahl zueinander paralleler ebener Profile gelegt, z. B. Profile parallel zu $A\,B$ (Bild 79) im Abstand von 10 oder 20 m. Jedes Profil schneidet im allgemeinen Auftrag und Aushub in einem Flächenstück. So ist zum Beispiel der Schnitt des Profiles $A\,B$ mit dem Auftrag das Dreieck $Z\,S_0\,C_0$. Man bestimmt durch Planimetrieren den Inhalt dieser Flächenstücke und trägt die Zahlenwerte in einem Koordinatensystem auf, dessen x-Achse den Horizontalabstand der Profile angibt. Genau wie beim Schichtenverfahren begrenzt die glatte Kurve, die durch die so gewonnenen Punkte geht, ein Flächenstück, dessen Inhalt angenähert das Volumen des Auftrages bzw. Aushubs angibt. Das Schichtenverfahren ist bei Plätzen und Terrassen, das Profilverfahren bei Straßen und Dämmen vorzuziehen. Das Schichtenverfahren liefert die Volumina aus dem Schichtenplan des Bauwerkes, ohne daß weitere Konstruktionslinien zu zeichnen sind, dagegen verlangt das Profilverfahren stets eine größere Anzahl von Profilen.

31. Topographische Flächen

Die in den Kapiteln I bis III behandelten Flächen sind sämtlich durch ein einfaches Erzeugungsgesetz bestimmt. Sie entstehen durch Bewegung einer Geraden oder einer Kurve nach einem gegebenen Bewegungsgesetz.

Ihre geometrische Darstellung beruht auf der vorgegebenen Erzeugungsart, sie ist ein Ausdruck des Erzeugungsgesetzes. Andere Flächen können in bezug auf ein Koordinatensystem durch einen analytischen Ausdruck, eine Gleichung in den Koordinaten bestimmt werden. Schließlich gibt es aber auch Flächen, für die weder ein Erzeugungsgesetz noch eine Gleichung bekannt ist, oft auch überhaupt nicht existiert. Solche Flächen lassen sich nur näherungsweise durch Vermessung einer größeren Zahl von Punkten erfassen. Man nennt sie *topographische Flächen.* Zu ihrer Darstellung bedient man sich der kotierten Projektionen. Die Lage der Punkte der Fläche bezüglich einer Vergleichsbasis wird ausgemessen; die Projektionen nebst ihren

Koten werden aufgezeichnet. Dabei sind die Punkte so auszuwählen, daß man den Schichtenplan der Fläche unter gewissen Stetigkeitsvoraussetzungen näherungsweise zeichnen kann.

Das wichtigste Beispiel einer topographischen Fläche ist die Erdoberfläche. Man denkt sich dabei ein mittleres Meeresniveau zur Kugel (genauer Erdsphäroid) vervollständigt und die Punkte der Erdoberfläche auf diese Kugel bezogen, d. h. die Punkte werden senkrecht auf die Kugel projiziert, die Projektionen mit Höhenzahlen versehen. Beschränkt man sich auf ein kleineres Stück der Erdoberfläche, so kann man den zugehörigen Teil der Meereskugel als Stück einer Ebene ansehen und das Verfahren der kotierten Projektionen anwenden, wobei das Stück der Meereskugel als Bezugsebene dient.

Die Vermessung wird entweder trigonometrisch oder photogrammetrisch (s. Bd. 3) ausgeführt. Dabei beginnt man mit der Vermessung der Lage einiger ausgezeichneter Punkte, meist hervorragender Bergkuppen oder Hügel mit guter Fernsicht (trigonometrische Hauptpunkte). Ausgehend von einem solchen trigonometrischen Hauptdreieck werden die Punkte der Schichtebenen vermessen und daraus der Schichtenplan hergestellt. Man unterscheidet hierbei Hauptschichten, die je nach der Oberflächengestalt des betrachteten Gebietes eine Dicke von 5 oder 10 Metern haben, und Zwischenschichten, die die Hauptschichten nach Bedarf weiter unterteilen. Im Schichtenplan werden die Hauptschichten durch größere Strichstärke hervorgehoben, die Zwischenschichten dünn oder verschieden gestrichelt gezeichnet. Solche Schichtenpläne sind in den Meßtischblättern und zahlreichen Wanderkarten allgemein bekannt. Wir wollen zunächst einige Begriffe definieren, die bestimmte Eigenschaften der Oberfläche ausdrücken.

Bild 81 zeigt den Schichtenplan einer topographischen Fläche. Wir beginnen mit den Punkten, die eine waagerechte Berührungsebene haben. Bilden die Schichtlinien in der Umgebung eines solchen Punktes geschlossene ellipsenähnliche Kurven (s. Punkt S' in Bild 81), so spricht man von einem Gipfelpunkt, wenn die Höhenzahlen mit wachsender Entfernung von dem Punkt fallen (wie bei S'), und von einem Mulden- oder Talpunkt, wenn die Höhenzahlen wachsen. Die Berührungsebene hat in einer gewissen Umgebung außer dem Gipfel bzw. Talpunkt keinen Punkt

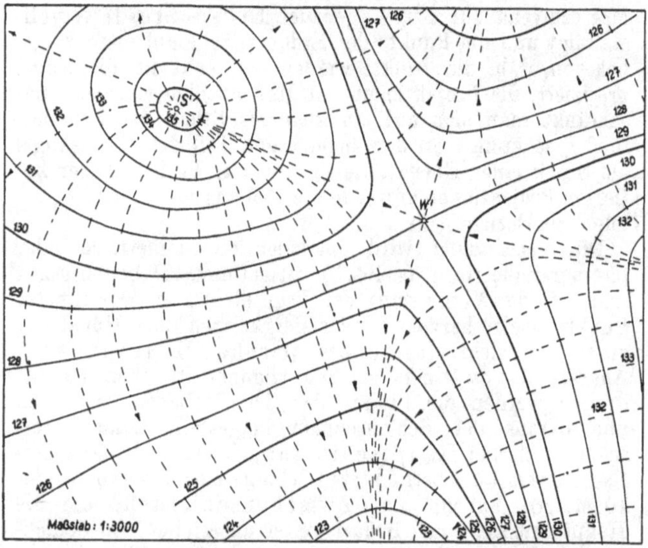

Bild 81. Schichtenplan und Fallinien einer topographischen Fläche

mit der Fläche gemeinsam. Wählt man die Zwischenschichten immer dichter, so daß eine Zwischenschichtebene sehr nahe unter bzw. über der Berührungsebene liegt, so nähert sich ihr Schnitt mit dem Gelände immer mehr einer Ellipse, je kleiner der Abstand von der Berührungsebene wird. Man nennt solche Flächenpunkte deshalb elliptische Punkte und sagt, die Fläche ist in der Umgebung des Punktes elliptisch gekrümmt.

Im Punkt W des Bildes 81 schneiden sich zwei Schichtlinien. Auch in diesem Punkt ist die Berührungsebene waagerecht, aber die benachbarten Schichtebenen schneiden die Fläche in Kurven, die in der Umgebung von W hyperbelähnliche Gestalt haben derart, daß die Tangenten der Schichtlinien durch W den Asymptoten der Hyperbeln entsprechen. Nähern sich die Zwischenschichtebenen der Berührungsebene von W, so schmiegen sich die Schichtlinien in der Umgebung von W immer mehr an Hyperbeln an. Ein Punkt, in dessen Umgebung die Schichtlinien diese Eigenschaft aufweisen, heißt ein hyperbolischer Punkt der Fläche und die Fläche an dieser Stelle hyperbolisch gekrümmt. Bezüglich des Geländes spricht man von Sattelpunkt oder Paß.

Der Begriff des elliptischen oder hyperbolischen Flächenpunktes ist allgemeiner, er bezieht sich nur auf die Berührungsebene des Punktes und den Schnitt der Fläche mit benachbarten Parallelebenen. Dagegen muß im Gipfel-, Mulden- und Sattelpunkt die Berührungsebene waagerecht sein.

Sind die Zwischenschichten so gewählt, daß der gegenseitige Abstand der Schichtlinien genügend klein ist, so läßt sich mit guter Näherung diejenige Schar von Kurven zeichnen, die die Schichtlinien senkrecht schneiden (Bild 81). Die Orthogonaltrajektorien der Höhenlinien heißen *Falllinien* oder *Gefällelinien*; sie sind die Kurven größten Gefälles der topographischen Fläche. Die Schichtlinien bilden zusammen mit den Fallinien ein *orthogonales Netz.* Konstruktionsaufgaben über eine topographische Fläche lassen sich nur dann mit einiger Genauigkeit ausführen, wenn der Schichtenplan derart gegeben ist, d. h. die Schichtlinien so dicht liegen, daß das zwischen zwei Schichtlinien gelegene Stück einer Fallinie näherungsweise als geradlinig angesehen werden kann.

Im allgemeinen geht durch jeden Punkt der Fläche eine Schichtlinie und eine Fallinie. Als Ausnahmen hinsichtlich der Schichtlinien hatten wir bereits Gipfel-, Tal- und Sattelpunkte erkannt. Durch diese Punkte gehen stets mehrere Fallinien, und zwar durch den Sattelpunkt zwei und durch Gipfel- und Talpunkt unendlich viele. Ist die Schichtlinie in der Nachbarschaft eines Gipfel- oder Talpunktes kreisförmig (Kreis- oder Nabelpunkt der Fläche), so gehen die Fallinien in dem Punkt nach allen Richtungen. Wenn dagegen, wie im allgemeinen der Fall sein wird, die benachbarte Schichtlinie ellipsenförmig ist, so berührt eine Fallinie durch den Punkt die kleine Ellipsenachse; dagegen schmiegen sich unendlich viele Fallinien der großen Ellipsenachse an.

Die beiden Fallinien, die durch den Sattelpunkt gehen, sind Grenzlinien (Hüllkurven) einer Schar anderer Fallinien. Das ist in Bild 81 recht gut an der von oben nach unten verlaufenden Fallinie durch W zu erkennen. Die Fallinien streben deutlich auf diese ausgezeichnete Fallinie zu. Diese besonderen Fallinien nennt man Kamm- bzw. Tallinien. Von W nach S in Bild 81 führt eine Kammlinie.

32. Einfache Konstruktionen über topographische Flächen

a) Interpolation der Schichtlinien. Zur Durchführung von Konstruktionsaufgaben über topographische Flächen ist es oft nötig, zwischen die im Plan gegebenen Schichtlinien weitere Zwischenschichtlinien einzufügen. Das ist nur möglich, wenn man gewisse Annahmen über das Verhalten der Fläche zwischen zwei benachbarten gegebenen Schichtlinien macht. Das Einfügen von Zwischenschichten nennt man *interpolieren.* Am gebräuchlichsten und einfachsten ist die *lineare Interpolation*; dabei nimmt man an, daß das Stück einer jeden Fallinie, das die gegebenen benachbarten Schichtlinien verbindet, durch eine Strecke ersetzbar ist. Dann teilt die Zwischenschichtebene das Stück jeder Fallinie in dem gleichen Verhältnis wie den senkrechten Abstand der gegebenen benachbarten Schichtebenen. In Bild 82 seien zum Beispiel die Schichtlinien 15 und 20 gegeben. Wir wollen die Schichtlinie 18 durch lineare Interpolation bestimmen. Zwischen die gegebenen Schichtlinien legen wir eine Anzahl Strecken, die diese in möglichst guter Annäherung senkrecht schneiden. Diese Strecken können wir als Abschnitte der Fallinien ansehen. Jede Strecke wird im Verhältnis 2:3 so geteilt, daß zwei Einheiten nach der Höhenlinie 20 liegen. Die Verbindungslinie der Teilpunkte ist die gesuchte Zwischenschichtlinie 18.

In den meisten Fällen liefert auch das folgende Verfahren brauchbare Ergebnisse. Man legt einen Maßstab mit feiner Teilung, etwa Millimeter, so über die Zeichnung, daß die zwischen den gegebenen Schichtlinien liegende Strecke des Maßstabes die kleinste ganzzahlige Länge hat, die durch 5 teilbar ist, (Bild 82). Dann läßt sich $\frac{2}{5}$ sofort ablesen und markieren.

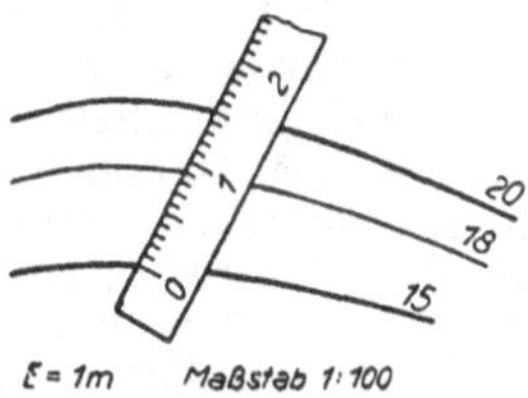

Bild 82. Lineare Interpolation der Schichtlinien

b) Ebene Profile. Oft erfordern geologische oder technische Aufgaben die Anfertigung von Geländeprofilen. Bild 83 zeigt den Schichtenplan eines Geländestückes. Das Profil AB ist zu konstruieren, d. h. die topographische Fläche ist mit der vertikalen Ebene, deren Spur in die Gerade AB fällt, zum Schnitt zu bringen. Durch Umklappung der Ebene um eine Höhenlinie ist die wahre Gestalt der Schnittkurve zu zeichnen. Wir nehmen die Umklappung außerhalb des Planes vor. Auf einer beliebigen Geraden, die wir als die Höhenlinie der Profilebene, um die die Umklappung erfolgt, ansehen (auf 13 in Bild 83 oben), tragen wir die Schnittpunkte von AB mit den Schichtlinien auf. Dazu legen wir am einfachsten einen Papierstreifen an AB, markieren die Schnittpunkte und übertragen sie mit dem Streifen auf die Gerade 13. In diesen Punkten werden die Senkrechten errichtet und mit den Spuren der entsprechenden Schichtebenen zum Schnitt gebracht. Die Verbindungslinie dieser Schnittpunkte ist das Profil AB.

c) Zylinderprofil. In ähnlicher Weise läßt sich das Profil des Geländes über einer krummen Spur CD konstruieren. Das Profil ist der Schnitt des vertikalen Zylinders, der die Bezugsebene in der Kurve CD schneidet mit dem Gelände. Zur Abwicklung des Zylindermantels ersetzen wir den Kurvenbogen durch ein Sehnenpolygon, indem wir etwa die zwischen den Projektionen zweier Schichtlinien gelegenen Bogen durch ihre Sehnen ersetzen. Diese Strecken übertragen wir auf eine Gerade (Bild 83 Mitte), die wir als abgewickelte Höhenlinie des Zylinders ansehen. Die in den Streckenpunkten errichteten Höhen schneiden die entsprechenden Schichtlinien in den Punkten des Profils.

Da die Geländeflächen im allgemeinen nur geringe Höhenunterschiede haben, pflegt man die Profile überhöht darzustellen. Man zeichnet bei der Umlegung der Profilebene oder bei der Abwicklung des Profilzylinders die Höhen in einem größeren Maßstab als die waagerechten Längen. Am gebräuchlichsten sind 10- und 12,5fache Überhöhungen. In der Zeichnung wird die Überhöhung durch einen gebrochenen Profilmaßstab angedeutet, dessen obere Zahl den Maßstab der waagerechten Längen, dessen untere den der Höhen angibt.

d) Schnitt mit beliebiger Ebene. Schließlich wollen wir den Schnitt der topographischen Fläche mit einer beliebigen Ebene bestimmen, die durch ihren Gefällemaßstab gegeben ist. Die Schnittkurve ist der Ort der Schnittpunkte gleichzahliger Höhenlinien beider Flächen. Meist wird der vorliegende Schichtenplan ausreichen, um die Schnittkurve mit ausreichender Genauigkeit zu zeichnen. Andernfalls kann man durch Interpolation weitere Punkte gewinnen. Die erreichbare Genauigkeit bleibt aber beschränkt, da die topographische Fläche nur längs der Schichtlinien genau bekannt ist.

In Bild 83 ist für einen Punkt das Interpolationsverfahren angegeben. Wir zeichnen eine Gerade (a' in Bild 83), die zwischen den Punkten hindurchgeht, zwischen denen wir einen weiteren Punkt der Schnittkurve bestimmen wollen, und die an dieser Stelle möglichst gut mit einer Fallinie des

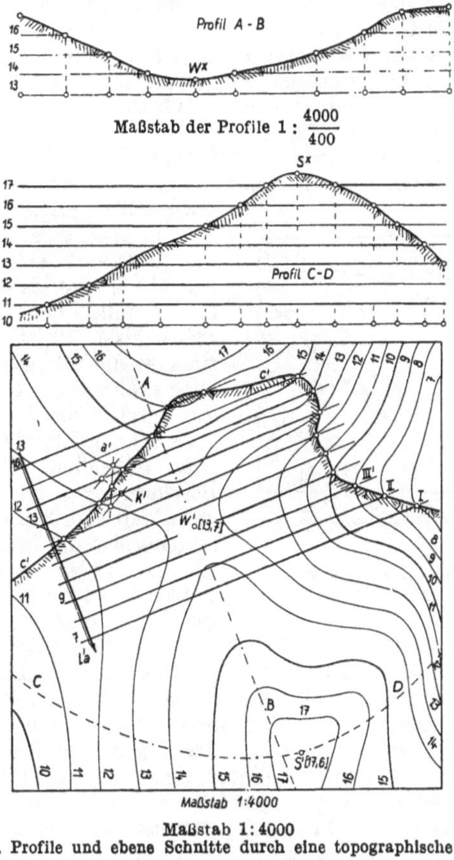

Maßstab 1: 4000
Bild 83. Profile und ebene Schnitte durch eine topographische Fläche

Geländes zusammenfällt, also die beiden gegebenen Schichtlinien annähernd senkrecht schneidet. Nach der im vorigen Abschnitt getroffenen Annahme über das Verhalten der topographischen Fläche zwischen zwei benachbarten Schichtlinien liegt das zwischen den beiden Schichtlinien gelegene Stück der Geraden *a* in der Fläche. Der Schnittpunkt der Geraden *a* mit der Schnittebene ist daher ein Punkt der Schnittkurve. Damit ist das Interpolationsverfahren zurückgeführt auf die elementare Aufgabe des Schnittes von Gerade und Ebene (**27f**).

e) Weg konstanter Steigung. In Bild 84 ist der Schichtenplan eines Geländes gegeben. Durch den Punkt *A* soll ein Weg mit dem Gefälle 1 : 10, also dem Intervall $i = 10$ geführt werden. Die Aufgabe ist nur lösbar, wenn das Gefälle des Geländes größer als 1 : 10 ist. Man betrachtet die nächste Umgebung von *A* als eben und legt durch *A* den Böschungskegel mit dem Intervall $i = 10$. Die Höhenlinie 109 des Böschungskegels ist der Kreis um *A'* mit dem Radius 10 m; er schneidet die Schichtlinie 109 des Geländes in zwei Punkten. Die Verbindungsgeraden von *A* mit diesen Punkten sind die von *A* abwärts führenden Wege des Gefälles 1 : 10. In den beiden Punkten der Schichtlinie 109 wiederholt man das Verfahren und setzt so die Wege auf beiden Seiten fort. Die Aufgabe hat viele Lösungen, wenn man Zick-Zack-Wege zuläßt, dagegen nur zwei Lösungen, wenn man Kehren des Weges ausschließt. In Bild 84 ist ein kehrenfreier Weg ausgezogen und ein Weg mit je einer Kehre auf Höhe 110 und 108 gestrichelt gezeichnet.

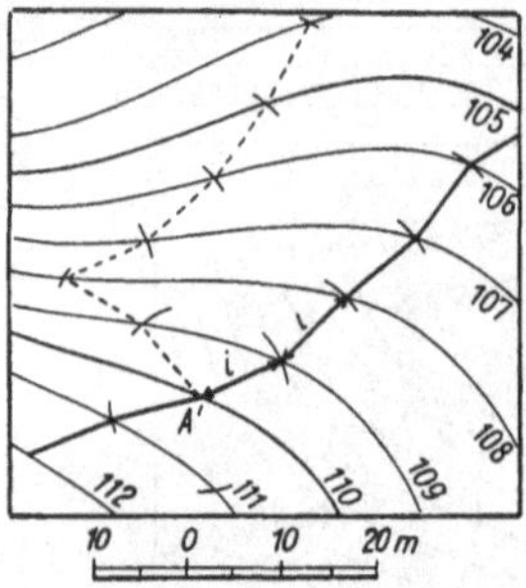

Bild 84.
Weg gegebener Steigung in einem Gelände

33. Böschungsflächen

Eine Fläche, die in allen Punkten das gleiche Gefälle hat, heißt *Böschungsfläche*. Die einfachsten Beispiele sind Ebenen und Böschungskegel. Es würde zu weit führen, hier auf die

Theorie der Böschungsflächen einzugehen. Wir beschränken uns auf die folgende Aufgabe, die bei den Anwendungen des Verfahrens der kotierten Projektion im Straßen- und Bahnbau unentbehrlich ist: Durch eine Kurve k, deren kotierte Projektion gegeben ist, sind die beiden Böschungsflächen von gegebenem Gefälle zu legen.

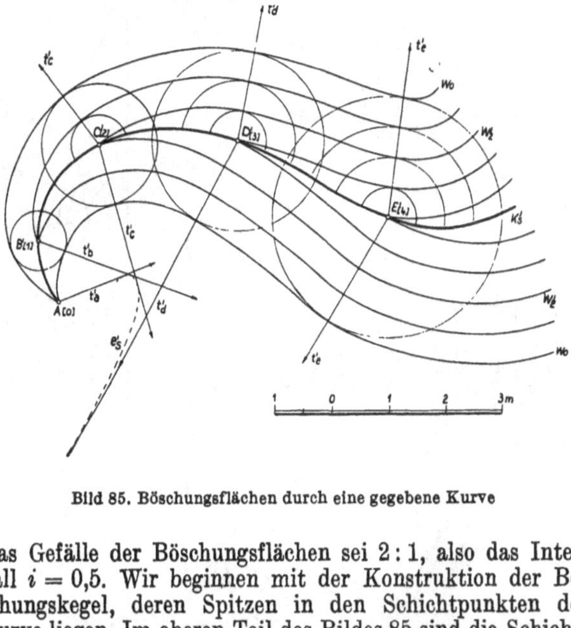

Bild 85. Böschungsflächen durch eine gegebene Kurve

Das Gefälle der Böschungsflächen sei 2 : 1, also das Intervall $i = 0{,}5$. Wir beginnen mit der Konstruktion der Böschungskegel, deren Spitzen in den Schichtpunkten der Kurve liegen. Im oberen Teil des Bildes 85 sind die Schichtkreise der Kegel eingezeichnet. Der gegenseitige Abstand zweier Schichtkreise ist gleich dem gegebenen Intervall $i = 0{,}5$. Die Höhenlinien der Böschungsflächen müssen die entsprechenden Schichtkreise berühren; sie sind die Einhüllenden der Schar der Schichtkreise gleicher Höhe. Zeichnen wir durch A', B', C', D', E' die Kurven, die die Kreise

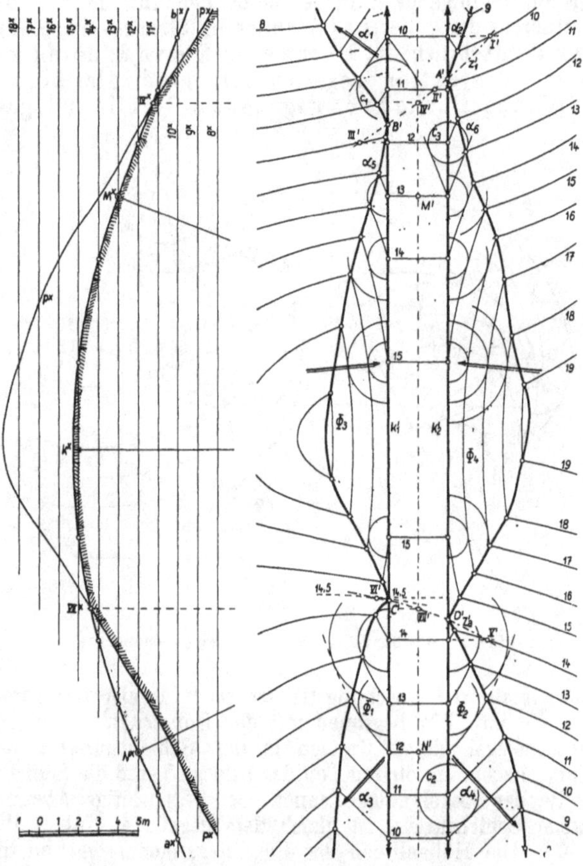

Bild 86. Ebener Weg mit kreisförmigem Längsprofil durch ein Gelände, dessen Schichtenplan gegeben ist

der entsprechenden Höhe berühren, so erhalten wir den Schichtenplan der Böschungsflächen.

Ist das Gefälle der Kurve k sehr klein, so daß die ganzzahligen Schichtpunkte weit auseinander liegen, so bestimmt man zunächst durch Interpolation Zwischenpunkte bzw. Zwischenkoten der Kurve. Meist genügt lineare Interpolation, die gleichmäßiges Ansteigen der Kurve zwischen zwei gegebenen Schichtpunkten voraussetzt. Dann liegt z. B. in der Mitte des Kurvenbogens $B'C'$ der Kurvenpunkt der Höhe 1,5. Bei der Konstruktion des Böschungskegels durch diesen Punkt ist zu beachten, daß der Radius des Schichtkreises 1 gleich $0{,}5i$, der des Schichtkreises 0 gleich $1{,}5i$ ist.

Bei ungleichförmiger Steigung der Kurve kann die lineare Interpolation zu ungenau werden. Dann konstruiert man zuerst ein Längsprofil der Kurve, aus dem die Höhe jedes Punktes entnommen werden kann.

Die Böschungsflächen berühren die Böschungskegel längs Mantellinien. Die Berührungspunkte der verschiedenen Höhenlinien mit den Schichtkreisen ein und desselben Kegels liegen auf einer Geraden, die Fallinie der Böschungsfläche ist. Die Fallinien sind also geradlinige Erzeugende der Böschungsflächen. Ebenso wie Kegel und Zylinder sind auch die Böschungsflächen in die Ebene abwickelbar, die Erzeugenden der Böschungsfläche sind die Tangenten einer Raumkurve. Das sei nur nebenbei erwähnt; im unteren Teil des Bildes 85 ist die Projektion der Hüllkurve der Erzeugenden angedeutet. Die Schichtlinien einer Böschungsfläche bilden stets eine Schar abstandsgleicher Parallelkurven.

34. Weg durch gegebenes Gelände

Als praktisches Beispiel für Böschungsflächen soll ein Weg durch ein hügeliges Gelände geführt werden, der durch geeigneten Einschnitt und Auftrag die Unebenheiten des Geländes ausgleicht. Man zeichnet zuerst die Mittellinie des Weges, Wegachse, die angibt, wie der Weg geführt werden soll. Anschließend wird das Geländeprofil längs der

Wegachse konstruiert. Damit sind die Steigungen bekannt, die überwunden werden müssen. Das Wegprofil kann man nach Bedarf wählen je nach dem, welche Steigungen für den Weg zugelassen sind.

In Bild 86 links ist $p^{\times}$ das Geländeprofil und $a^{\times}\,b^{\times}$ das Wegprofil. Der Anstieg $a^{\times}$ und $b^{\times}$ ist geradlinig, das Stück zwischen $N^{\times}$ und $M^{\times}$ wurde kreisförmig gewählt. Aus dem Wegprofil entnimmt man die Höhenzahlen der Wegachse. Die Schichtlinien der Wegkrone werden stets senkrecht zur Wegachse gezeichnet, etwaige Überhöhungen in Kurven werden erst nachträglich berücksichtigt. Je nach Bedarf können aus dem Wegprofil Zwischenschichtlinien gewonnen werden. Die Breite des Weges haben wir mit 3 m angenommen.

Ist die Zeichnung der Wegkrone fertiggestellt, so bestimmt man die Anschnittlinien, das sind die Schnittkurven der Wegkrone mit der Geländefläche. Je ein Punkt dieser Linien, nämlich die Anschnittpunkte der Wegachse, können aus dem Profil entnommen werden. Sie sind in Bild 86 mit IV und VII bezeichnet. Die Schnittkurve zweier Flächen ist die Verbindungslinie der Schnittpunkte gleichzahliger Schichtlinien. In der Umgebung des Punktes IV bringen wir die Schichtlinien 10, 11, 12 des Weges mit den entsprechenden des Geländes zum Schnitt. Die Verbindungslinie der Schnittpunkte I', II', III' trifft die Wegränder in A', B'. Die Anschnittlinie AB trennt den Teil des Weges, der im Aushub liegt, von demjenigen, der durch Auftrag gewonnen wird.

Für die andere Anschnittlinie liegen die Schichtlinien ungünstiger, so daß wir interpolieren müssen. Wir bestimmen die Schichtlinien 14,5 des Geländes und des Weges und verfahren dann wie oben. Die Anschnittlinie schneidet die Wegränder in C und D.

Jetzt sind alle Vorbedingungen zur Konstruktion der Böschungen gegeben. Nach den Ausführungen des vorigen Abschnittes legen wir durch die Schichtpunkte der Wegränder die Böschungskegel, deren Gefälle im Aushub mit 1:1 und im Auftrag mit 2:3 angenommen ist. Die

Hüllkurven der Kegelschichtkreise sind die Schichtlinien der Böschungsflächen. Die Schnittkurven der Böschungen mit dem Gelände ergeben sich wieder aus den Schnittpunkten gleichzahliger Schichtlinien. Die Anschnittpunkte A, B, C, D sind stets Punkte der Schnittkurven. Schließlich sei noch erwähnt, daß die Böschungen außerhalb des Abschnittes NM Ebenen sind, da wir in diesen Wegteilen die Wegachse geradlinig gewählt haben. Bild 86 enthält alle Konstruktionslinien, so daß weitere Erläuterungen nicht nötig sind.

Die Anwendungen des Verfahrens der kotierten Projektionen auf Erdbaukonstruktionen sind überaus zahlreich und mannigfaltig. Wir haben uns hier auf die Durchführung einiger einfacher Beispiele beschränkt. Viele, teils schwierigere Aufgaben enthält das vom Verfasser bearbeitete und herausgegebene Buch von K. Bartel, Kotierte Projektionen. Schließlich ist noch zu betonen, daß sich die Anwendung der kotierten Projektionen keineswegs auf das Gebiet des Erdbaus beschränkt. Besonders in neuerer Zeit haben hydro- und aerodynamische Erkenntnisse dazu geführt, Körper mit recht komplizierten Oberflächen, die weder durch ein einfaches Erzeugungsgesetz noch durch eine geschlossene analytische Formel bestimmt werden können, im Maschinen- und Apparatebau zu verwenden. Es sei nur an Schiffs- oder Luftschrauben, Leitschaufeln, Tragflügel, Blechverschalungen von Kraftfahrzeugen und anderer Geräte erinnert. Überall finden wir krumme Flächen, die nur durch ihren Schichtenplan in einer für die Fertigung geeigneten Form dargestellt werden können und auch dargestellt werden.

WOLFGANG HAACK

Darstellende Geometrie

1. Die wichtigsten Darstellungsmethoden

Grund- und Aufriß ebenflächiger Körper
4., durchgesehene und ergänzte Auflage. 113 Seiten. 120 Abbildungen. 1963. DM 3,60
(Sammlung Göschen Band 142)

3. Axonometrie und Perspektive

2., durchgesehene und ergänzte Auflage. 129 Seiten. 100 Abbildungen. 1962. DM 3,60
(Sammlung Göschen Band 144)

K. P. GROTEMEYER

Analytische Geometrie

3. Auflage. 218 Seiten. 73 Abbildungen. 1964. DM 5,80
(Sammlung Göschen Band 65/65 a)

R. BALDUS – F. LÖBELL

Nichteuklidische Geometrie

Hyperbolische Geometrie der Ebene

4. Auflage. 158 Seiten. 75 Figuren. 1964. DM 5,80
(Sammlung Göschen Band 970/970 a)

SAMMLUNG GÖSCHEN

GESAMTVERZEICHNIS

Jeder Band DM 3,60 · Doppelband DM 5,80

Februar 1964

WALTER DE GRUYTER & CO., BERLIN 30

Inhaltsübersicht

Geisteswissenschaften

Philosophie

Einführung in die Philosophie von *H. Leisegang †*. 5. Auflage. 146 Seiten. 1963. (281)

Hauptprobleme der Philosophie von *G. Simmel †*. 7., unveränderte Auflage. 177 Seiten. 1950. (500)

Geschichte der Philosophie

I: Die griechische Philosophie von *W. Capelle*. 1. Teil. Von Thales bis Leukippos. 2., erweiterte Auflage. 135 Seiten. 1953. (857)

II: Die griechische Philosophie von *W. Capelle*. 2. Teil. Von der Sophistik bis zum Tode Platons. 2., stark erweiterte Auflage. 144 Seiten. 1953. (858)

III: Die griechische Philosophie von *W. Capelle*. 3. Teil. Vom Tode Platons bis zur Alten Stoa. 2., stark erweiterte Auflage. 132 Seiten. 1954. (859)

IV: Die griechische Philosophie von *W. Capelle*. 4. Teil. Von der Alten Stoa bis zum Eklektizismus im 1. Jh. v. Chr. 2., stark erweiterte Auflage. 132 Seiten. 1954. (863)

V: Die Philosophie des Mittelalters von *J. Koch*. In Vorbereitung. (826)

VI: Von der Renaissance bis Kant von *K. Schilling*. 234 Seiten. 1954. (394/394a)

VII: Immanuel Kant von *G. Lehmann*. In Vorbereitung. (536)

VIII: Die Philosophie des 19. Jahrhunderts von *G. Lehmann*. 1. Teil. 151 Seiten. 1953. (571)

IX: Die Philosophie des 19. Jahrhunderts von *G. Lehmann*. 2. Teil. 168 Seiten. 1953. (709)

X: Die Philosophie im ersten Drittel des 20. Jahrhunderts 1. Teil von *G. Lehmann*. 128 Seiten. 1957. (845)

XI: Die Philosophie im ersten Drittel des 20. Jahrhunderts 2. Teil von *G. Lehmann*. 114 Seiten. 1960. (850)

Die geistige Situation der Zeit (1931) von *K. Jaspers*. 5., unveränderter Abdruck der im Sommer 1932 bearbeiteten 5. Auflage. 211 Seiten. 1960. (1000)

Erkenntnistheorie von *G. Kropp*.
1. Teil: Allgemeine Grundlegung. 143 Seiten. 1950. (807)

Formale Logik von *P. Lorenzen*. 2., verbesserte Auflage. 165 Seiten. 1962. (1176/1176a)

Philosophisches Wörterbuch von *M. Apel †*. 5., völlig neubearbeitete Auflage von *P. Ludz*. 315 Seiten. 1958. (1031/1031a)

Philosophische Anthropologie. Menschliche Selbstdeutung in Geschichte und Gegenwart von *M. Landmann*. 2. Auflage. 214 Seiten. 1964. (156/156a)

Pädagogik, Psychologie, Soziologie

Geschichte der Pädagogik von *Herm. Weimer.* 15., neubearbeitete und vermehrte Auflage von *Heinz Weimer.* 184 Seiten. 1962. (145)
Therapeutische Psychologie. Ihr Weg durch die Psychoanalyse von *W. M. Kranefeldt.* Mit einer Einführung von *C. G. Jung.* 3. Auflage. 152 Seiten. 1956. (1034)
Allgemeine Psychologie von *Th. Erismann †.* 4 Bände. 2., neubearbeitete Auflage.
I: Grundprobleme. 146 Seiten. 1958. (831)
II: Grundarten des psychischen Geschehens. 248 Seiten. 1959. (832/832a)
III: Experimentelle Psychologie und ihre Grundlagen. 1. Teil. 112 Seiten, 7 Abbildungen. 1962. (833)
IV: Experimentelle Psychologie und ihre Grundlagen. 2. Teil. 199 Seiten, 20 Abbildungen. 1962. (834/834a)
Soziologie. Geschichte und Hauptprobleme von *L. von Wiese.* 6. Auflage. 175 Seiten. 1960. (101)
Ideengeschichte der sozialen Bewegung des 19. und 20. Jh. von *W. Hofmann.* 243 Seiten. 1962. (1205/1205a)
Sozialpsychologie von *P. R. Hofstätter.* 2. Auflage. 181 Seiten, 15 Abbildungen, 22 Tabellen. 1964. In Vorbereitung. (104/104a)
Psychologie des Berufs- und Wirtschaftslebens von *W. Moede †.* 190 Seiten, 48 Abbildungen. 1958. (851/851a)
Industrie- und Betriebssoziologie von *R. Dahrendorf.* 2., umgearbeitete und erweiterte Auflage. 142 Seiten, 3 Figuren. 1962. (103)
Wirtschaftssoziologie von *F. Fürstenberg.* 122 Seiten. 1961. (1193)
Einführung in die Sozialethik von *H.-D. Wendland.* 144 Seiten. 1963. (1203)

Religion

Jesus von *M. Dibelius †.* 3. Auflage, mit einem Nachtrag von *W. G. Kümmel.* 140 Seiten. 1960. (1130)
Paulus von *M. Dibelius †.* Nach dem Tode des Verfassers herausgegeben und zu Ende geführt von *W. G. Kümmel.* 3., durchgesehene Auflage. 155 Seiten. 1964. (1160)
Luther von *F. Lau.* 151 Seiten. 1959. (1187)
Melanchthon von *R. Stupperich.* 139 Seiten. 1960. (1190)
Einführung in die Konfessionskunde der orthodoxen Kirchen von *K. Onasch.* 291 Seiten. 1962. (1197/1197a)
Geschichte des christlichen Gottesdienstes von *W. Nagel.* 215 Seiten. 1962. (1202/1202a)
Geschichte Israels. Von den Anfängen bis zur Zerstörung des Tempels (70 n. Chr.) von *E. L. Ehrlich.* 158 Seiten, 1 Tafel. 1958. (231/231a)
Römische Religionsgeschichte von *F. Altheim.* 2 Bände. 2., umgearbeitete Auflage.
I: Grundlagen und Grundbegriffe. 116 Seiten. 1956. (1035)
II: Der geschichtliche Ablauf. 164 Seiten. 1956. (1052)

Die Religion des Buddhismus von *D. Schlingloff*. 2 Bände.
I: Der Heilsweg des Mönchtums. 122 Seiten, 11 Abbildungen, 1 Karte. 1962. (174)
II: Der Heilsweg für die Welt. 129 Seiten, 9 Abbildungen, 1 Karte. 1963. (770)

Musik

Musikästhetik von *H. J. Moser*. 180 Seiten. Mit zahlreichen Notenbeispielen. 1953. (344)
Systematische Modulation von *R. Hernried*. 2. Auflage. 136 Seiten. Mit zahlreichen Notenbeispielen. 1950. (1094)
Der polyphone Satz von *E. Pepping*. 2 Bände.
I: Der cantus-firmus-Satz. 2. Auflage. 223 Seiten. Mit zahlreichen Notenbeispielen. 1950. (1148)
II: Übungen im doppelten Kontrapunkt und im Kanon. 137 Seiten. Mit zahlreichen Notenbeispielen. 1957. (1164/1164a)
Allgemeine Musiklehre von *H. J. Moser*. 2., durchgesehene Auflage. 155 Seiten. Mit zahlreichen Notenbeispielen. 1955. (220/220a)
Harmonielehre von *H. J. Moser*. 2 Bände.
I: 109 Seiten. Mit 120 Notenbeispielen. 1954. (809)
II: In Vorbereitung. (810)
Die Musik des 19. Jahrhunderts von *W. Oehlmann*. 180 Seiten. 1953. (170)
Die Musik des 20. Jahrhunderts von *W. Oehlmann*. 312 Seiten. 1961. (171/171a)
Technik der deutschen Gesangskunst von *H. J. Moser*. 3., durchgesehene und verbesserte Auflage. 144 Seiten, 5 Figuren sowie Tabellen und Notenbeispiele. 1954. (576/576a)
Die Kunst des Dirigierens von *H. W. von Waltershausen †*. 2., vermehrte Auflage. 138 Seiten. Mit 19 Notenbeispielen. 1954. (1147)
Die Technik des Klavierspiels aus dem Geiste des musikalischen Kunstwerkes von *K. Schubert †*. 3. Auflage. 110 Seiten. Mit Notenbeispielen. 1954. (1045)

Kunst

Stilkunde von *H. Weigert*. 2 Bände. 3., durchgesehene und ergänzte Auflage.
I: Vorzeit, Antike, Mittelalter. 136 Seiten, 94 Abbildungen. 1958. (80)
II: Spätmittelalter und Neuzeit. 150 Seiten, 88 Abbildungen. 1958. (781)
Archäologie von *A. Rumpf*. 3 Bände.
I: Einleitung, historischer Überblick. 143 Seiten, 6 Abbildungen, 12 Tafeln. 1953. (538)
II: Die Archäologensprache. Die antiken Reproduktionen. 136 Seiten, 7 Abbildungen, 12 Tafeln. 1956. (539)
III: In Vorbereitung. (540)

Geschichte

Einführung in die Geschichtswissenschaft von *P. Kirn*. 4., durchgesehene Auflage. 127 Seiten. 1963. (270)

GEISTESWISSENSCHAFTEN

Einführung in die Zeitgeschichte von *B. Scheurig.* 101 Seiten. 1962. (1204)

Zeitrechnung der römischen Kaiserzeit, des Mittelalters und der Neuzeit für die Jahre 1—2000 n. Chr. von *H. Lietzmann †.* 3. Auflage, durchgesehen von *K. Aland.* 130 Seiten. 1956. (1085)

Kultur der Urzeit von *F. Behn.* 3 Bände. 4. Auflage der Kultur der Urzeit Bd. 1—3 von *M. Hoernes.*

I: Die vormetallischen Kulturen. (Die Steinzeiten Europas. Gleichartige Kulturen in anderen Erdteilen.) 172 Seiten, 48 Abbildungen. 1950. (564)

II: Die älteren Metallkulturen. (Der Beginn der Metallbenutzung, Kupfer- und Bronzezeit in Europa, im Orient und in Amerika.) 160 Seiten, 67 Abbildungen. 1950. (565)

III: Die jüngeren Metallkulturen. (Das Eisen als Kulturmetall, Hallstatt-Latène-Kultur in Europa. Das erste Auftreten des Eisens in den anderen Weltteilen.) 149 Seiten, 60 Abbildungen. 1950. (566)

Vorgeschichte Europas von *F. Behn.* Völlig neue Bearbeitung der 7. Auflage der „Urgeschichte der Menschheit" von *M. Hoernes.* 125 Seiten, 47 Abbildungen. 1949. (42)

Der Eintritt der Germanen in die Geschichte von *J. Haller †.* 3. Auflage, durchgesehen von *H. Dannenbauer.* 120 Seiten, 6 Kartenskizzen. 1957. (1117)

Von den Karolingern zu den Staufern. Die altdeutsche Kaiserzeit (900—1250) von *J. Haller †.* 4., durchgesehene Auflage von *H. Dannenbauer.* 142 Seiten, 4 Karten. 1958. (1065)

Von den Staufern zu den Habsburgern. Auflösung des Reichs und Emporkommen der Landesstaaten (1250—1519) von *J. Haller †.* 2., durchgesehene Auflage von *H. Dannenbauer.* 118 Seiten, 6 Kartenskizzen. 1960. (1077)

Deutsche Geschichte im Zeitalter der Reformation, der Gegenreformation und des dreißigjährigen Krieges von *F. Hartung.* 2., durchgesehene Auflage. 123 Seiten. 1963. (1105)

Deutsche Geschichte von 1648—1740. Politischer und geistiger Wiederaufbau von *W. Treue.* 120 Seiten. 1956. (35)

Deutsche Geschichte von 1713—1806. Von der Schaffung des europäischen Gleichgewichts bis zu Napoleons Herrschaft von *W. Treue.* 168 Seiten. 1957. (39)

Deutsche Geschichte von 1806—1890. Vom Ende des alten bis zur Höhe des neuen Reiches von *W. Treue.* 128 Seiten. 1961. (893)

Deutsche Geschichte von 1890 bis zur Gegenwart von *W. Treue.* In Vorbereitung. (894)

Quellenkunde der Deutschen Geschichte im Mittelalter (bis zur Mitte des 15. Jahrhunderts) von *K. Jacob †.* 3 Bände.

I: Einleitung. Allgemeiner Teil. Die Zeit der Karolinger. 6. Auflage, bearbeitet von *H. Hohenleutner.* 127 Seiten. 1959. (279)

II: Die Kaiserzeit (911—1250). 5. Auflage, neubearbeitet von *H. Hohenleutner.* 141 Seiten. 1961. (280)

III: Das Spätmittelalter (vom Interregnum bis 1500). Herausgegeben von *F. Weden.* 152 Seiten. 1952. (284)

Geschichte Englands von *H. Preller*. 2 Bände.
I: bis 1815. 3., stark umgearbeitete Auflage. 135 Seiten, 7 Stammtafeln, 2 Karten. 1952. (375)
II: Von 1815 bis 1910. 2., völlig umgearbeitete Auflage. 118 Seiten, 1 Stammtafel, 7 Karten. 1954. (1088)
Römische Geschichte von *F. Altheim*. 4 Bände. 2., verbesserte Auflage.
I: Bis zur Schlacht bei Pydna (168 v.Chr.). 124 Seiten. 1956. (19)
II: Bis zur Schlacht bei Actium (31 v.Chr.). 129 Seiten. 1956. (677)
III: Bis zur Schlacht an der Milvischen Brücke (312 n.Chr.). 148 Seiten. 1958. (679)
IV: Bis zur Schlacht am Yarmuk (636 n.Chr.). In Vorbereitung. (684)
Geschichte der Vereinigten Staaten von Amerika von *O. Graf zu Stolberg-Wernigerode*. 192 Seiten, 10 Karten. 1956. (1051/1051a)

Deutsche Sprache und Literatur

Geschichte der Deutschen Sprache von *H. Sperber*. 4. Auflage, besorgt von *W. Fleischhauer*. 128 Seiten. 1963. (915)
Deutsches Rechtschreibungswörterbuch von *M. Gottschald †*. 2., verbesserte Auflage. 219 Seiten. 1953. (200/200a)
Deutsche Wortkunde. Kulturgeschichte des deutschen Wortschatzes von *A. Schirmer*. 4. Auflage von *W. Mitzka*. 123 Seiten. 1960. (929)
Deutsche Sprachlehre von *W. Hofstaetter*. 10. Auflage. Völlige Umarbeitung der 8. Auflage. 150 Seiten. 1960. (20)
Stimmkunde für Beruf, Kunst und Heilzwecke von *H. Biehle*. 111 Seiten. 1955. (60)
Redetechnik. Einführung in die Rhetorik von *H. Biehle*. 2., erweiterte Auflage. 151 Seiten. 1961. (61)
Sprechen und Sprachpflege (Die Kunst des Sprechens) von *H. Feist*. 2., verbesserte Auflage. 99 Seiten, 25 Abbildungen. 1952. (1122)
Deutsches Dichten und Denken von der germanischen bis zur staufischen Zeit von *H. Naumann †*. (Deutsche Literaturgeschichte vom 5.—13. Jahrhundert.) 2., verbesserte Auflage. 166 Seiten. 1952. (1121)
Deutsches Dichten und Denken vom Mittelalter zur Neuzeit von *G. Müller* (1270 bis 1700). 3., durchgesehene Auflage. 159 Seiten. In Vorbereitung. (1086)
Deutsches Dichten und Denken von der Aufklärung bis zum Realismus (Deutsche Literaturgeschichte von 1700—1890) von *K. Viëtor †*. 3., durchgesehene Auflage. 159 Seiten. 1958. (1096)
Deutsche Heldensage von *H. Schneider*. 2. Auflage, bearbeitet von *R. Wisniewski*. 148 Seiten. 1964. (32)
Der Nibelunge Nôt in Auswahl mit kurzem Wörterbuch von *K. Langosch*. 10., durchgesehene Auflage. 164 Seiten. 1956. (1)
Kudrun und Dietrich-Epen in Auswahl mit Wörterbuch von *O. L. Jiriczek*. 6. Auflage, bearbeitet von *R. Wisniewski*. 173 Seiten. 1957. (10)
Wolfram von Eschenbach. Parzival. Eine Auswahl mit Anmerkungen und Wörterbuch von *H. Jantzen*. 2. Auflage, bearbeitet von *H. Kolb*. 128 Seiten. 1957. (921)

Hartmann von Aue. Der arme Heinrich nebst einer Auswahl aus der „Klage", dem „Gregorius" und den Liedern (mit einem Wörterverzeichnis) herausgegeben von *F. Maurer*. 96 Seiten. 1958. (18)

Gottfried von Strassburg in Auswahl herausgegeben von *F. Maurer*. 142 Seiten. 1959. (22)

Die deutschen Personennamen von *M. Gottschald †*. 2., verbesserte Auflage. 151 Seiten. 1955. (422)

Althochdeutsches Elementarbuch. Grammatik und Texte von *H. Naumann †* und *W. Betz*. 3., verbesserte und vermehrte Auflage. 183 Seiten. 1962. (1111/1111a)

Mittelhochdeutsche Grammatik von *H. de Boor* und *R. Wisniewski*. 3., verbesserte und ergänzte Auflage. 150 Seiten. 1963. (1108)

Indogermanisch, Germanisch

Indogermanische Sprachwissenschaft von *H. Krahe*. 2 Bände. 4., überarbeitete Auflage.

I: Einleitung und Lautlehre. 110 Seiten. 1962. (59)

II: Formenlehre. 100 Seiten. 1963. (64)

Gotisches Elementarbuch. Grammatik, Texte mit Übersetzung und Erläuterungen von *H. Hempel*. 3., umgearbeitete Auflage. 166 Seiten. 1962. (79/79a)

Germanische Sprachwissenschaft von *H. Krahe*. 2 Bände.

I: Einleitung und Lautlehre. 5., überarbeitete Auflage. 149 Seiten. 1963. (238)

II: Formenlehre. 4., überarbeitete Auflage. 149 Seiten. 1961. (780)

Altnordisches Elementarbuch. Schrift, Sprache, Texte mit Übersetzung und Wörterbuch von *F. Ranke*. 2., durchgesehene Auflage. 146 Seiten. 1949. (1115)

Englisch, Romanisch

Altenglisches Elementarbuch. Einführung, Grammatik, Texte mit Übersetzung und Wörterbuch von *M. Lehnert*. 5., verbesserte Auflage. 178 Seiten. 1962. (1125)

Historische neuenglische Laut- und Formenlehre von *E. Ekwall*. 3., durchgesehene Auflage. 150 Seiten. 1956. (735)

Englische Phonetik von *H. Mutschmann †*. 2. Auflage, bearbeitet von *G. Scherer*. 127 Seiten. 1963. (601)

Englische Literaturgeschichte von *F. Schubel*. 4 Bände.

I: Die alt- und mittelenglische Periode. 163 Seiten. 1954. (1114)

II: Von der Renaissance bis zur Aufklärung. 160 Seiten. 1956. (1116)

III: Romantik und Viktorianismus. 160 Seiten. 1960. (1124)

Beowulf von *M. Lehnert*. Eine Auswahl mit Einführung, teilweiser Übersetzung, Anmerkungen und etymologischem Wörterbuch. 3., verbesserte Auflage. 135 Seiten. 1959. (1135)

Shakespeare von *P. Meißner †*. 2. Auflage, neubearbeitet von *M. Lehnert*. 136 Seiten. 1954. (1142)

Romanische Sprachwissenschaft von *H. Lausberg*. 4 Bände.
I: Einleitung und Vokalismus. 2., durchgesehene Auflage. 211 Seiten. 1963. (128/128a)
II: Konsonantismus. 95 Seiten. 1956. (250)
III: Formenlehre. 1. Teil. 99 Seiten. 1962. (1199)
III: Formenlehre. 2. Teil. S. 99—260. 1962. (1200/1200a)
IV: Wortlehre. In Vorbereitung. (1208)

Griechisch, Lateinisch

Griechische Sprachwissenschaft von *W. Brandenstein*. 3 Bände.
I: Einleitung, Lautsystem, Etymologie. 160 Seiten. 1954. (117)
II: Wortbildung und Formenlehre. 192 Seiten. 1959. (118/118a)
III: Syntax. In Vorbereitung. (1218)

Geschichte der griechischen Sprache. 2 Bände.
I: Bis zum Ausgang der klassischen Zeit von *O. Hoffmann †*. 3. Auflage, bearbeitet von *A. Debrunner †*. 156 Seiten. 1953. (111)
II: Grundfragen und Grundzüge des nachklassischen Griechisch von *A. Debrunner †*. 144 Seiten. 1954. (114)

Geschichte der griechischen Literatur von *W. Nestle*. 2 Bände. 3. Auflage, bearbeitet von *W. Liebich*.
I: 144 Seiten. 1961. (70)
II: 149 Seiten. 1963. (557)

Grammatik der neugriechischen Volkssprache von *J. Kalitsunakis*. 3., wesentlich erweiterte und verbesserte Auflage. 196 Seiten. 1963. (756/756a)

Neugriechisch-deutsches Gesprächsbuch von *J. Kalitsunakis*. 2. Auflage, bearbeitet von *A. Steinmetz*. 99 Seiten. 1960. (587)

Geschichte der lateinischen Sprache von *F. Stolz*. 4. Auflage von *A. Debrunner †*. In Vorbereitung. (492)

Geschichte der römischen Literatur von *L. Bieler*. 2 Bände.
I: Die Literatur der Republik. 160 Seiten. 1961. (52)
II: Die Literatur der Kaiserzeit. 133 Seiten. 1961. (866)

Hebräisch, Sanskrit, Russisch

Hebräische Grammatik von *G. Beer †*. 2 Bände. Völlig neubearbeitet von *R. Meyer*.
I: Schrift-, Laut- und Formenlehre I. 3. Auflage. Etwa 224 Seiten. In Vorbereitung. (763/763a)
II: Formenlehre II. Syntax und Flexionstabellen. 2. Auflage. 195 Seiten. 1955. (764/764a)

Hebräisches Textbuch zu *G. Beer-R. Meyer*, Hebräische Grammatik von *R. Meyer*. 170 Seiten. 1960. (769/769a)

Sanskrit-Grammatik von *M. Mayrhofer*. 89 Seiten. 1953. (1158)

Russische Grammatik von *E. Berneker †*. 6., verbesserte Auflage von *M. Vasmer †*. 155 Seiten. 1961. (66)

Slavische Sprachwissenschaft von *H. Bräuer*. 2 Bände.
I: Einleitung, Lautlehre. 221 Seiten. 1961. (1191/1191a)

Erd- und Länderkunde, Kartographie

Afrika von *F. Jaeger*. Ein geographischer Überblick. 2 Bände. 3. Auflage.
I: Der Lebensraum. 179 Seiten, 18 Abbildungen. In Vorbereitung. (910)
II: Mensch und Kultur. 155 Seiten, 6 Abbildungen. In Vorbereitung. (911)

Australien und Ozeanien von *H. J. Krug*. 176 Seiten, 46 Skizzen. 1953. (319)

Kartographie von *V. Heissler*. 213 Seiten, 125 Abb., 8 Anlagen. 1962. (30/30a)

Volkswirtschaft, Statistik, Publizistik

Allgemeine Betriebswirtschaftslehre von *K. Mellerowicz*. 4 Bände. 11., durchgesehene Auflage.
I: 224 Seiten. 1961. (1008/1008a)
II: 188 Seiten. 1962. (1153/1153a)
III: 260 Seiten. 1963. (1154/1154a)
IV: 209 Seiten. 1963. (1186/1186a)

Buchhaltung und Bilanz von *E. Kosiol*. Etwa 114 Seiten, 29 Tafeln. 1964. (1213)

Geschichte der Volkswirtschaftslehre von *S. Wendt*. 182 Seiten. 1961. (1194)

Allgemeine Volkswirtschaftslehre von *A. Paulsen*. 4 Bände.
I: Grundlegung, Wirtschaftskreislauf. 5., neubearbeitete Auflage. 154 Seiten. 1964. (1169)
II: Haushalte, Unternehmungen, Marktformen. 5., neubearbeitete Auflage. 168 Seiten, 35 Abbildungen. 1964. (1170)
III: Produktionsfaktoren. 3., neubearbeitete und ergänzte Auflage. 198 Seiten. 1963. (1171)
IV: Gesamtbeschäftigung, Konjunkturen, Wachstum. 3. Auflage. 174 Seiten. 1964. (1172)

Allgemeine Volkswirtschaftspolitik von *H. Ohm*. 2 Bände.
I: Systematisch-Theoretische Grundlegung. 137 Seiten, 6 Abbildungen. 1962. (1195)
II: Der volkswirtschaftliche Gesamtorganismus als Objekt der Wirtschaftspolitik. In Vorbereitung. (1196)

Finanzwissenschaft von *H. Kolms*. 4 Bände.
I: Grundlegung, Öffentliche Ausgaben. 2., verbesserte Auflage. 162 Seiten. 1963. (148)
II: Erwerbseinkünfte, Gebühren und Beiträge, Allgemeine Steuerlehre. 2., verbesserte Auflage. 150 Seiten. 1964. (391)
III: Besondere Steuerlehre. 178 Seiten. 1962. (776)
IV: Öffentlicher Kredit. Haushaltswesen. Finanzausgleich. 1964. In Vorbereitung. (782)

Finanzmathematik von *M. Nicolas*. 192 Seiten, 11 Tafeln, 8 Tabellen und 72 Beispiele. 1959. (1183/1183a)

Industrie- und Betriebssoziologie von *R. Dahrendorf*. 2., umgearbeitete und erweiterte Auflage. 142 Seiten, 3 Figuren. 1962. (103)

Wirtschaftssoziologie von *F. Fürstenberg*. 122 Seiten. 1961. (1193)

Psychologie des Berufs- und Wirtschaftslebens von *W. Moede †*. 190 Seiten, 48 Abbildungen. 1958. (851/851a)

Einführung in die Arbeitswissenschaft von *H. H. Hilf*. 164 Seiten, 57 Abbildungen. 1964. (1212/1212a)

Allgemeine Methodenlehre der Statistik von *J. Pfanzagl*. 2 Bände.
I: Elementare Methoden unter besonderer Berücksichtigung der Anwendungen in den Wirtschafts- und Sozialwissenschaften. 2. Auflage. 251 Seiten, 42 Abbildungen. 1964. (746/746a)
II: Höhere Methoden unter besonderer Berücksichtigung der Anwendungen in Naturwissenschaft, Medizin und Technik. 295 Seiten, 39 Abbildungen. 1962. (747/747a)

Zeitungslehre von *E. Dovifat*. 2 Bände. 4., neubearbeitete Auflage.
I: Theoretische und rechtliche Grundlagen — Nachricht und Meinung — Sprache und Form. 149 Seiten. 1962. (1039)
II: Redaktion — Die Sparten: Verlag und Vertrieb, Wirtschaft und Technik — Sicherung der öffentlichen Aufgabe. 168 Seiten. 1962. (1040)

Naturwissenschaften

Mathematik

Geschichte der Mathematik von *J. E. Hofmann.* 4 Bände.

I: Von den Anfängen bis zum Auftreten von Fermat und Descartes. 2., verbesserte und vermehrte Auflage. 251 Seiten. 1963. (226/226a)

II: Von Fermat und Descartes bis zur Erfindung des Calculus und bis zum Ausbau der neuen Methoden. 109 Seiten. 1957. (875)

III: Von den Auseinandersetzungen um den Calculus bis zur französischen Revolution. 107 Seiten. 1957. (882)

IV: Geschichte der Mathematik der neuesten Zeit von *N. Stuloff.* In Vorbereitung. (883)

Mathematische Formelsammlung von *F. O. Ringleb.* 7., erweiterte Auflage. 320 Seiten, 40 Figuren. 1960. (51/51a)

Vierstellige Tafeln und Gegentafeln für logarithmisches und trigonometrisches Rechnen in zwei Farben zusammengestellt von *H. Schubert* und *R. Haussner.* 3., neubearbeitete Auflage von *J. Erlebach.* 158 Seiten. 1960. (81)

Fünfstellige Logarithmen mit mehreren graphischen Rechentafeln und häufig vorkommenden Zahlenwerten von *A. Adler.* 4. Auflage, überarbeitet von *J. Erlebach.* 127 Seiten, 1 Tafel. 1962. (423)

Arithmetik von *P. B. Fischer †.* 3. Auflage von *H. Rohrbach.* 152 Seiten, 19 Abbildungen. 1958. (47)

Höhere Algebra von *H. Hasse.* 2 Bände.

I: Lineare Gleichungen. 5., neubearbeitete Auflage. 150 Seiten. 1963. (931)

II: Gleichungen höheren Grades. 4., durchgesehene Auflage. 158 Seiten, 5 Figuren. 1958. (932)

Aufgabensammlung zur höheren Algebra von *H. Hasse* und *W. Klobe.* 3., verbesserte Auflage. 183 Seiten. 1961. (1082)

Elementare und klassische Algebra vom modernen Standpunkt von *W. Krull.* 2 Bände.

I: 3., erweiterte Auflage. 148 Seiten. 1963. (930)

II: 132 Seiten. 1959. (933)

Lineare Programmierung von *H. Langen.* Etwa 200 Seiten. 1964. (1206/1206a)

Algebraische Kurven und Flächen von *W. Burau.* 2 Bände.

I: Algebraische Kurven der Ebene. 153 Seiten, 28 Abbildungen. 1962. (435)

II: Algebraische Flächen 3. Grades und Raumkurven 3. und 4. Grades. 162 Seiten, 17 Abbildungen. 1962. (436/436a)

Einführung in die Zahlentheorie von *A. Scholz †.* Überarbeitet und herausgegeben von *B. Schoeneberg.* 3. Auflage. 128 Seiten. 1961. (1131)

Formale Logik von *P. Lorenzen.* 2., verbesserte Auflage. 165 Seiten. 1962. (1176/1176a)

Topologie von *W. Franz*. 2 Bände.
I: Allgemeine Topologie. 144 Seiten, 9 Figuren. 1960. (1181)
II: Algebraische Topologie. 130 Seiten. 1964. (1182)

Elemente der Funktionentheorie von *K. Knopp †*. 6. Auflage. 144 Seiten, 23 Figuren. 1963. (1109)

Funktionentheorie von *K. Knopp †*. 2 Bände. 10. Auflage.
I: Grundlagen der allgemeinen Theorie der analytischen Funktionen. 144 Seiten, 8 Figuren. 1961. (668)
II: Anwendungen und Weiterführung der allgemeinen Theorie. 130 Seiten, 7 Figuren. 1962. (703)

Aufgabensammlung zur Funktionentheorie von *K. Knopp †*. 2 Bände.
I: Aufgaben zur elementaren Funktionentheorie. 6. Auflage. 135 Seiten. 1962. (877)
II: Aufgaben zur höheren Funktionentheorie. 5. Auflage. 151 Seiten. 1959. (878)

Differential- und Integralrechnung von *M. Barner*. (Früher *Witting*). 4 Bände.
I: Grenzwertbegriff, Differentialrechnung. 2., durchgesehene Auflage. 176 Seiten, 39 Figuren. 1963. (86)

Gewöhnliche Differentialgleichungen von *G. Hoheisel*. 6., neubearbeitete und erweiterte Auflage. 128 Seiten. 1960. (920)

Partielle Differentialgleichungen von *G. Hoheisel*. 4., durchgesehene Auflage. 128 Seiten. 1960. (1003)

Aufgabensammlung zu den gewöhnlichen und partiellen Differentialgleichungen von *G. Hoheisel*. 5., durchgesehene und verbesserte Auflage. 124 Seiten. 1964. (1059/1059a)

Integralgleichungen von *G. Hoheisel*. 2., neubearbeitete und erweiterte Auflage. 112 Seiten. 1963. (1099)

Mengenlehre von *E. Kamke*. 4., verbesserte Auflage. 194 Seiten, 6 Figuren. 1962. (999/999a)

Gruppentheorie von *L. Baumgartner*. 4., neubearbeitete Auflage. 110 Seiten, 3 Tafeln. 1964. In Vorbereitung. (837)

Ebene und sphärische Trigonometrie von *G. Hessenberg †*. 5. Auflage, durchgesehen von *H. Kneser*. 172 Seiten, 60 Figuren. 1957. (99)

Darstellende Geometrie von *W. Haack*. 3 Bände.
I: Die wichtigsten Darstellungsmethoden. Grund- und Aufriß ebenflächiger Körper. 4., durchgesehene und ergänzte Auflage. 113 Seiten, 120 Abbildungen. 1963. (142)
II: Körper mit krummen Begrenzungsflächen. Kotierte Projektionen. 3., durchgesehene Auflage. 129 Seiten, 86 Abbildungen. 1962. (143)
III: Axonometrie und Perspektive. 2., durchgesehene und ergänzte Auflage. 129 Seiten, 100 Abbildungen. 1962. (144)

Analytische Geometrie von *K. P. Grotemeyer*. 2., erweiterte Auflage. 218 Seiten, 73 Abbildungen. 1962. (65/65a)

Nichteuklidische Geometrie. Hyperbolische Geometrie der Ebene von *R. Baldus †*. Durchgesehen und herausgegeben von *F. Löbell*. 4., verbesserte Auflage. 140 Seiten, 70 Figuren. 1964. (970)

Differentialgeometrie von *K. Strubecker* (früher *Rothe*). 3 Bände.
I: Kurventheorie der Ebene und des Raumes. 2. Auflage. 200 Seiten, 18 Figuren. 1964. In Vorbereitung. (1113/1113a)

II: Theorie der Flächenmetrik. 195 Seiten, 14 Figuren. 1958. (1179/1179a)
III: Theorie der Flächenkrümmung. 254 Seiten, 38 Figuren. 1959. (1180/1180a)

Variationsrechnung von *L. Koschmieder*. 2 Bände. 2., neubearbeitete Auflage.
I: Das freie und gebundene Extrem einfacher Grundintegrale. 128 Seiten, 23 Figuren. 1962. (1074)
II: Anwendung klassischer Verfahren auf allgemeine Fragen des Extrems. — Neuere unmittelbare Verfahren. In Vorbereitung. (1075)

Einführung in die konforme Abbildung von *L. Bieberbach*. 5., erweiterte Auflage. 180 Seiten, 42 Figuren. 1956. (768/768a)

Vektoren und Matrizen von *S. Valentiner*. 3. Auflage. (10., erweiterte Auflage der „Vektoranalysis"). Mit Anhang: Aufgaben zur Vektorrechnung von *H. König*. 206 Seiten, 35 Figuren. 1963. (354/354a)

Wahrscheinlichkeitstheorie und Grundzüge der Maßtheorie von *H. Bauer*. 2 Bände.
I: 1964. Im Druck. (1216)
II: In Vorbereitung. (1217)

Versicherungsmathematik von *F. Böhm*. 2 Bände.
I: Elemente der Versicherungsrechnung. 3., vermehrte und verbesserte Auflage. Durchgesehener Neudruck. 151 Seiten. 1953. (180)
II: Lebensversicherungsmathematik. Einführung in die technischen Grundlagen der Sozialversicherung. 2., verbesserte und vermehrte Auflage 205 Seiten. 1953. (917/917a)

Finanzmathematik von *M. Nicolas* 192 Seiten, 11 Tafeln, 8 Tabellen und 72 Beispiele. 1959. (1183/1183a)

Kinematik von *H. R. Müller*. 171 Seiten, 75 Figuren. 1963. (584/584a)

Physik

Einführung in die theoretische Physik von *W. Döring*. 5 Bände.
I: Mechanik. 2., verbesserte Auflage. 123 Seiten, 25 Abbildungen. 1960. (76)
II: Das elektromagnetische Feld. 2., verbesserte Auflage. 132 Seiten, 15 Abbildungen. 1962. (77)
III: Optik. 2., verbesserte Auflage. 117 Seiten, 32 Abbildungen. 1963. (78)
IV: Thermodynamik. 2., verbesserte Auflage. 107 Seiten, 9 Abbildungen. 1964. (374)
V: Statistische Mechanik. 114 Seiten, 12 Abbildungen. 1957. (1017)

Mechanik deformierbarer Körper von *M. Päsler*. 199 Seiten, 48 Abbildungen. 1960. (1189/1189a)

Atomphysik von *K. Bechert*, *Ch. Gerthsen †* und *A. Flammersfeld*. 7 Bände. 4., durchgesehene Auflage.
I: Allgemeine Grundlagen. 1. Teil von *A. Flammersfeld*. 124 Seiten, 35 Abbildungen. 1959. (1009)
II: Allgemeine Grundlagen. 2. Teil von *A. Flammersfeld*. 112 Seiten, 47 Abbildungen. 1963. (1033)

III: Theorie des Atombaus. 1. Teil von *K. Bechert*. 148 Seiten, 16 Abbildungen. 1963. (1123/1123a)
IV: Theorie des Atombaus. 2. Teil von *K. Bechert*. 170 Seiten, 14 Abbildungen. 1963. (1165/1165a)

Differentialgleichungen der Physik von *F. Sauter*. 3., durchgesehene und ergänzte Auflage. 148 Seiten, 16 Figuren. 1958. (1070)

Physikalische Formelsammlung von *G. Mahler†*. Fortgeführt von *K. Mahler*. Neubearbeitet von *H. Graewe*. 11. Auflage. 167 Seiten, 69 Figuren. 1963. (136)

Physikalische Aufgabensammlung von *G. Mahler †*. Neubearbeitet von *H. Graewe*. Mit den Ergebnissen. 12. Auflage. 127 Seiten. 1964. (243)

Chemie

Geschichte der Chemie in kurzgefaßter Darstellung von *G. Lockemann*. 2 Bände.
I: Vom Altertum bis zur Entdeckung des Sauerstoffs. 2. Auflage. 142 Seiten, 8 Bildnisse. In Vorbereitung. (264)
II: Von der Entdeckung des Sauerstoffs bis zur Gegenwart. 151 Seiten, 16 Bildnisse. 1955. (265/265a)

Anorganische Chemie von *W. Klemm*. 13., neubearbeitete und erweiterte Auflage. 255 Seiten, 35 Abbildungen. 1964. (37/37a)

Organische Chemie von *W. Schlenk*. 9., erweiterte Auflage. 273 Seiten, 16 Abbildungen. 1963. (38/38a)

Physikalische Methoden in der Organischen Chemie von *G. Kresze*. 2 Bände.
I: 119 Seiten, 65 Abbildungen. 1962. (44)
II: 164 Seiten. 1962. (45/45a)

Allgemeine und physikalische Chemie von *W. Schulze*. 2 Bände.
I: 5., durchgesehene Auflage. 139 Seiten, 10 Figuren. 1960. (71)
II: 5., verbesserte Auflage. 178 Seiten, 37 Figuren. 1961. (698/698a)

Einfache Versuche zur allgemeinen und physikalischen Chemie von *E. Dehn*. 371 Versuche mit 40 Abbildungen. 272 Seiten. 1962. (1201/1201a)

Molekülbau. Theoretische Grundlagen und Methoden der Strukturermittlung von *W. Schulze*. 123 Seiten, 43 Figuren. 1958. (786)

Physikalisch-chemische Rechenaufgaben von *E. Asmus*. 3., verbesserte Auflage. 96 Seiten. 1958. (445)

Maßanalyse. Theorie und Praxis der klassischen und der elektrochemischen Titrierverfahren von *G. Jander* und *K. F. Jahr*. 10., erweiterte Auflage, mitbearbeitet von *H. Knoll*. 358 Seiten, 56 Figuren. 1963. (221/221a)

Qualitative Analyse von *H. Hofmann* u. *G. Jander*. 2., durchgesehene und verbesserte Auflage. 308 Seiten, 5 Abbildungen. 1963. (247/247a)

Thermochemie von *W. A. Roth †*. 2., verbesserte Auflage. 109 Seiten, 16 Figuren. 1952. (1057)

Stöchiometrische Aufgabensammlung von *W. Bahrdt* † und *R. Scheer*. Mit den Ergebnissen. 7., durchgesehene Auflage. 119 Seiten. 1960. (452)

Elektrochemie von *K. Vetter*. 2 Bände.
I: 1964. In Vorbereitung. (252)
II: 1964. In Vorbereitung. (253)

Technologie

Die Chemie der Kunststoffe von *K. Hamann*, unter Mitarbeit von *W. Funke* und *H. D Hermann* 143 Seiten. 1960. (1173)

Warenkunde von *K. Hassak* und *E. Beutel* †. 2 Bände.
I: Anorganische Waren sowie Kohle und Erdöl. 8. Auflage. Neubearbeitet von *A. Kutzelnigg*. 119 Seiten, 18 Figuren. 1958. (222)
II: Organische Waren. 8. Auflage. Vollständig neubearbeitet von *A. Kutzelnigg*. 157 Seiten, 32 Figuren. 1959. (223)

Die Fette und Öle von *Th. Klug*. 6., verbesserte Auflage. 143 Seiten. 1961. (335)

Die Seifenfabrikation von *K. Braun* †. 3., neubearbeitete und verbesserte Auflage von *Th. Klug*. 116 Seiten, 18 Abbildungen. 1953. (336)

Thermische Verfahrenstechnik von *H. Bock*. 3 Bände.
I: Eigenschaften und Verhalten der realen Stoffe. 164 Seiten. 28 Abbildungen. 1963. (1209/1209a)
II: Funktionen und Berechnung der elementaren Geräte. In Vorbereitung (1210/1210a)
III: Fließbilder, ihre Funktion und ihr Zusammenbau aus Geräten. In Vorbereitung. (1211/1211a)

Textilindustrie von *A Blümcke*.
I: Spinnerei und Zwirnerei. 111 Seiten, 43 Abbildungen. 1954. (184)

Biologie

Einführung in die allgemeine Biologie und ihre philosophischen Grund- und Grenzfragen von *M. Hartmann*. 132 Seiten, 2 Abbildungen. 1956. (96)

Hormone von *G. Koller*. 2., neubearbeitete und erweiterte Auflage. 187 Seiten, 60 Abbildungen, 19 Tabellen. 1949. (1141)

Fortpflanzung im Tier- und Pflanzenreich von *J. Hämmerling*. 2., ergänzte Auflage. 135 Seiten. 101 Abbildungen. 1951. (1138)

Geschlecht und Geschlechtsbestimmung im Tier- und Pflanzenreich von *M. Hartmann*. 2., verbesserte Auflage. 116 Seiten, 61 Abbildungen, 7 Tabellen. 1951. (1127)

Symbiose der Tiere mit pflanzlichen Mikroorganismen von *P. Buchner*. 2., verbesserte und vermehrte Auflage. 130 Seiten, 121 Abbildungen. 1949. (1128)

Grundriß der Allgemeinen Mikrobiologie von *W.* u. *A. Schwartz*. 2 Bände. 2., verbesserte und ergänzte Auflage.
I: 147 Seiten, 25 Abbildungen. 1960. (1155)
II: 142 Seiten, 29 Abbildungen. 1961. (1157)

Botanik

Entwicklungsgeschichte des Pflanzenreiches von *H. Heil.* 2. Auflage. 138 Seiten, 94 Abbildungen, 1 Tabelle. 1950. (1137)
Morphologie der Pflanzen von *L. Geitler.*, 3., umgearbeitete Auflage. 126 Seiten, 114 Abbildungen. 1953. (141)
Pflanzengeographie von *L. Diels †.* 5., völlig neubearbeitete Auflage von *F. Mattick.* 195 Seiten, 2 Karten. 1958. (389/389a)
Die Laubhölzer. Kurzgefaßte Beschreibung der in Mitteleuropa gedeihenden Laubbäume und Sträucher von *F. W. Neger †* und *E. Münch †.* 3., durchgesehene Auflage, herausgegeben von *B. Huber.* 143 Seiten, 63 Figuren, 7 Tabellen. 1950. (718)
Die Nadelhölzer (Koniferen) und übrigen Gymnospermen von *F. W. Neger †* und *E. Münch †.* 4. Auflage, durchgesehen und ergänzt von *B. Huber.* 140 Seiten, 75 Figuren, 4 Tabellen, 3 Karten. 1952. (355)
Pflanzenzüchtung von *H. Kuckuck.* 2 Bände.
I: Grundzüge der Pflanzenzüchtung. 3., völlig umgearbeitete und erweiterte Auflage. 132 Seiten, 22 Abbildungen. 1952. (1134)
II: Spezielle gartenbauliche Pflanzenzüchtung (Züchtung von Gemüse, Obst und Blumen). 178 Seiten, 27 Abbildungen. 1957. (1178/1178a)

Zoologie

Entwicklungsphysiologie der Tiere von *F. Seidel.* 2 Bände.
I: Ei und Furchung. 126 Seiten, 29 Abbildungen. 1953. (1162)
II: Körpergrundgestalt und Organbildung. 159 Seiten, 42 Abbildungen. 1953. (1163)

Das Tierreich
I: Einzeller, Protozoen von *E. Reichenow.* 115 Seiten. 59 Abbildungen. 1956. (444)
II: Schwämme und Hohltiere von *H. J. Hannemann.* 95 Seiten, 80 Abbildungen. 1956. (442)
III: Würmer. Platt-, Hohl-, Schnurwürmer, Kamptozoen, Ringelwürmer, Protracheaten, Bärtierchen, Zungenwürmer von *S. Jaeckel.* 114 Seiten, 36 Abbildungen. 1955. (439)
IV, 1: Krebse von *H. E. Gruner* und *K. Deckert.* 114 Seiten, 43 Abbildungen. 1956. (443)
IV, 2: Spinnentiere (Trilobitomorphen, Fühlerlose) und Tausendfüßler von *A. Kaestner.* 96 Seiten, 55 Abbildungen. 1955. (1161)
IV, 3: Insekten von *H. von Lengerken.* 128 Seiten, 58 Abbildungen. 1953. (594)
V: Weichtiere. Urmollusken, Schnecken, Muscheln und Kopffüßer von *S. Jaeckel.* 92 Seiten. 34 Figuren. 1954. (440)
VI: Stachelhäuter. Tentakulaten, Binnenatmer und Pfeilwürmer von *S. Jaeckel.* 100 Seiten, 46 Abbildungen. 1955. (441)
VII, 1: Manteltiere, Schädellose, Rundmäuler von *Th. Haltenorth.* In Vorbereitung. (448)

VII, 2: Fische von *D. Lüdemann*. 130 Seiten, 65 Abbildungen. 1955. (356)
VII, 3: Lurche (Chordatiere) von *K. Herter*. 143 Seiten, 129 Abbildungen. 1955. (847)
VII, 4: Kriechtiere (Chordatiere) von *K. Herter*. 200 Seiten, 42 Abbildungen. 1960. (447/447a)
VII, 5: Vögel (Chordatiere) von *H.-A. Freye*. 156 Seiten, 69 Figuren. 1960. (869)
VII, 6: Säugetiere (Chordatiere) von *Th. Haltenorth*. In Vorbereitung. (282)

Land- und Forstwirtschaft

Landwirtschaftliche Tierzucht. Die Züchtung und Haltung der landwirtschaftlichen Nutztiere von *H. Vogel*. 139 Seiten, 11 Abbildungen. 1952. (228)

Kulturtechnische Bodenverbesserungen von *O. Fauser*. 2 Bände. 5., verbesserte und vermehrte Auflage.
I: Allgemeines, Entwässerung. 127 Seiten, 49 Abbildungen. 1959. (691)
II: Bewässerung, Ödlandkultur, Flurbereinigung. 159 Seiten, 71 Abbildungen. 1961. (692)

Agrikulturchemie von *K. Scharrer*. 2 Bände.
I: Pflanzenernährung. 143 Seiten. 1953. (329)
II: Futtermittelkunde. 192 Seiten. 1956. (330/330a)

Geologie, Mineralogie, Kristallographie

Geologie von *F. Lotze*. 2., verbesserte Auflage. 178 Seiten, 80 Abbildungen. 1961. (13)

Erzkunde von *H. von Philipsborn*. In Vorbereitung. (1207)

Mineral- und Erzlagerstättenkunde von *H. Huttenlocher †*. 2 Bände. 2. Auflage.
I: 128 Seiten, 34 Abbildungen. In Vorbereitung. (1014)
II: 156 Seiten, 48 Abbildungen. In Vorbereitung. (1015/1015a)

Allgemeine Mineralogie. 11., erweiterte Auflage der „Mineralogie" von *R. Brauns †*, neubearbeitet von *K. F. Chudoba*. 152 Seiten, 143 Textfiguren, 1 Tafel, 3 Tabellen. 1963. (29/29a)

Spezielle Mineralogie. 11., erweiterte Auflage der „Mineralogie" von *R. Brauns †*, bearbeitet von *K. F. Chudoba*. Etwa 170 Seiten, 127 Textfiguren, 4 Tabellen. 1964. (31/31a)

Petrographie (Gesteinskunde) von *W. Bruhns †*. Neubearbeitet von *P. Ramdohr*. 5., erweiterte Auflage. 141 Seiten, 10 Figuren. 1960. (173)

Kristallographie von *W. Bruhns †*. 5. Auflage, neubearbeitet von *P. Ramdohr*. 109 Seiten, 164 Abbildungen. 1958. (210)

Einführung in die Kristalloptik von *E. Buchwald*. 5., verbesserte Auflage. 128 Seiten, 117 Figuren. 1963. (619/619a)

Lötrohrprobierkunde. Mineraldiagnose mit Lötrohr und Tüpfelreaktion von *M. Henglein*. 4., durchgesehene und erweiterte Auflage. 108 Seiten, 12 Figuren. 1962. (483)

Technik

Graphische Darstellung in Wissenschaft und Technik von *M. Pirani.* 3., erweiterte Auflage bearbeitet von *J. Fischer* unter Benutzung der von *I. Runge* besorgten 2. Auflage. 216 Seiten, 104 Abbildungen. 1957. (728/728a)

Technische Tabellen und Formeln von *W. Müller.* 5., verbesserte und erweiterte Auflage von *E. Schulze.* 165 Seiten, 114 Abbildungen, 99 Tafeln. 1962. (579)

Einführung in die Arbeitswissenschaft von *H. H. Hilf.* 164 Seiten, 57 Abbildungen. 1964. (1212/1212a)

Grundlagen der Straßenverkehrstechnik. Theorie der Leistungsfähigkeit von *E. Engel.* 101 Seiten, 55 Abbildungen. 1962. (1198)

Elektrotechnik

Grundlagen der allgemeinen Elektrotechnik von *O. Mohr.* 2., durchgesehene Auflage. 260 Seiten, 136 Bilder, 14 Tafeln. 1961. (196/196a)

Die Gleichstrommaschine von *K. Humburg.* 2 Bände. 2., durchgesehene Auflage.
I: 102 Seiten, 59 Abbildungen. 1956. (257)
II: 101 Seiten, 38 Abbildungen. 1956. (881)

Die Synchronmaschine von *W. Putz.* 92 Seiten, 64 Bilder. 1962. (1146)

Induktionsmaschinen von *F. Unger.* 2., erweiterte Auflage. 142 Seiten, 49 Abbildungen. 1954. (1140)

Die komplexe Berechnung von Wechselstromschaltungen von *H. H. Meinke.* 3. Auflage. 180 Seiten, 120 Abbildungen. 1964. In Vorbereitung. (1156/1156a)

Theoretische Grundlagen zur Berechnung der Schaltgeräte von *F. Kesselring.* 3. Auflage. 144 Seiten, 92 Abbildungen. 1950. (711)

Einführung in die Technik selbsttätiger Regelungen von *W. zur Megede.* 2., durchgesehene Auflage. 180 Seiten, 86 Abbildungen. 1961. (714/714a)

Elektromotorische Antriebe (Grundlagen für die Berechnung) von *A. Schwaiger.* 3., neubearbeitete Auflage. 96 Seiten, 34 Abbildungen. 1952. (827)

Überspannungen und Überspannungsschutz von *G. Frühauf.* Durchgesehener Neudruck. 122 Seiten, 98 Abbildungen. 1950. (1132)

Elektrische Höchstspannungs-Schaltanlagen für Freiluft und Innenanordnung von *G. Meiners* und *K.-H. Wiesenewsky.* 138 Seiten, 58 Abbildungen. 1964. (796/796a)

Transformatoren von *W. Schäfer.* 4., überarbeitete und ergänzte Auflage. 130 Seiten, 73 Abbildungen. 1962. (952)

Maschinenbau

Metallkunde von *H. Borchers.* 3 Bände. 5., ergänzte und durchgesehene Auflage.
- I: Aufbau der Metalle und Legierungen. 120 Seiten, 90 Abbildungen, 2 Tabellen. 1962. (432)
- II: Eigenschaften, Grundzüge der Form- und Zustandsgebung. 182 Seiten, 107 Abbildungen, 10 Tabellen. 1963. (433/433a)
- III: Die metallkundlichen Untersuchungsmethoden von *E. Hanke.* In Vorbereitung. (434)

Die Werkstoffe des Maschinenbaues von *A. Thum †* und *C. M. v. Meysenbug.* 2 Bände.
- I: Einführung in die Werkstoffprüfung. 2., neubearbeitete Auflage. 100 Seiten, 7 Tabellen, 56 Abbildungen. 1956. (476)
- II: Die Konstruktionswerkstoffe. 132 Seiten, 40 Abbildungen. 1959. (936)

Dynamik von *W. Müller.* 2 Bände. 2., verbesserte Auflage.
- I: Dynamik des Einzelkörpers. 128 Seiten, 48 Figuren. 1952. (902)
- II: Systeme von starren Körpern. 102 Seiten, 41 Figuren. 1952. (903)

Technische Schwingungslehre von *L. Zipperer.* 2 Bände. 2., neubearbeitete Auflage.
- I: Allgemeine Schwingungsgleichungen, einfache Schwinger. 120 Seiten, 101 Abbildungen. 1953. (953)
- II: Torsionsschwingungen in Maschinenanlagen. 102 Seiten, 59 Abbildungen. 1955. (961/961a)

Werkzeugmaschinen für Metallbearbeitung von *K. P. Matthes.* 2 Bände.
- I: 100 Seiten, 27 Abbildungen, 11 Zahlentafeln, 1 Tafelanhang. 1954. (561)
- II: Fertigungstechnische Grundlagen der neuzeitlichen Metallbearbeitung. 101 Seiten, 30 Abbildungen, 5 Tafeln. 1955. (562)

Das Maschinenzeichnen mit Einführung in das Konstruieren von *W. Tochtermann.* 2 Bände. 4. Auflage.
- I: Das Maschinenzeichnen. 156 Seiten, 75 Tafeln. 1950. (589)
- II: Ausgeführte Konstruktionsbeispiele. 130 Seiten, 58 Tafeln. 1950. (590)

Die Maschinenelemente von *E. A. vom Ende †.* 4., überarbeitete Auflage. 184 Seiten, 179 Figuren, 11 Tafeln. 1963. (3/3a)

Die Maschinen der Eisenhüttenwerke von *L. Engel.* 156 Seiten, 95 Abbildungen. 1957. (583/583a)

Walzwerke von *H. Sedlaczek †* unter Mitarbeit von *F. Fischer* und *M. Buch.* 232 Seiten, 157 Abbildungen. 1958. (580/580a)

Getriebelehre von *P. Grodzinski †.* 2 Bände. 3., neubearbeitete Auflage von *G. Lechner.*
- I: Geometrische Grundlagen. 164 Seiten, 131 Figuren. 1960. (1061)
- II: Angewandte Getriebelehre. In Vorbereitung. (1062)

Kinematik von *H. R. Müller.* 171 Seiten, 75 Figuren. 1963. (584/584a)

Gießereitechnik von *H. Jungbluth*. 2 Bände.
I: Eisengießerei. 126 Seiten, 44 Abbildungen. 1951. (1159)

Die Dampfturbinen. Ihre Wirkungsweise, Berechnung und Konstruktion von *C. Zietemann*. 3 Bände.
I: Theorie der Dampfturbinen. 4. Auflage. 139 Seiten, 48 Abbildungen. 1964. In Vorbereitung. (274)
II: Die Berechnung der Dampfturbinen und die Konstruktion der Einzelteile. 4., verbesserte Auflage. 132 Seiten, 111 Abbildungen. 1964. In Vorbereitung. (715)
III: Die Regelung der Dampfturbinen, die Bauarten, Turbinen für Sonderzwecke, Kondensationsanlagen. 3., verbesserte Auflage. 126 Seiten, 90 Abbildungen. 1956. (716)

Verbrennungsmotoren von *W. Endres*. 3 Bände.
I: Überblick. Motor-Brennstoffe. Verbrennung im Motor allgemein, im Otto- und Diesel-Motor. 153 Seiten, 57 Abbildungen. 1958. (1076/1076a)
II: Die heutigen Typen der Verbrennungskraftmaschine. In Vorbereitung. (1184)
III: Die Einzelteile des Verbrennungsmotors. In Vorbereitung. (1185)

Autogenes Schweißen und Schneiden von *H. Niese*. 5. Auflage, neubearbeitet von *A. Küchler*. 136 Seiten, 71 Figuren. 1953. (499)

Die elektrischen Schweißverfahren von *H. Niese*. 2. Auflage, neubearbeitet von *H. Dienst*. 136 Seiten, 58 Abbildungen. 1955. (1020)

Die Hebezeuge. Entwurf von Winden und Kranen von *G. Tafel*. 2., verbesserte Auflage. 176 Seiten, 230 Figuren. 1954. (414/414a)

Wasserbau

Wasserkraftanlagen von *A. Ludin* unter Mitarbeit von *W. Borkenstein*. 2 Bände.
I: Planung, Grundlagen und Grundzüge. 124 Seiten, 60 Abbildungen. 1955. (665)
II: Anordnung und Ausbildung der Hauptbauwerke. 184 Seiten, 91 Abbildungen. 1958. (666/666a)

Verkehrswasserbau von *H. Dehnert*. 3 Bände.
I: Entwurfsgrundlagen, Flußregelungen. 103 Seiten, 53 Abbildungen. 1950. (585)
II: Flußkanalisierung und Schiffahrtskanäle. 94 Seiten, 60 Abbildungen. 1950. (597)
III: Schleusen und Hebewerke. 98 Seiten, 70 Abbildungen. 1950. (1152)

Wehr- und Stauanlagen von *H. Dehnert*. 134 Seiten, 90 Abbildungen. 1952. (965)

Talsperren von *F. Tölke*. 122 Seiten, 70 Abbildungen. 1953. (1044)

Vermessungswesen

Vermessungskunde von *W. Großmann*. 3 Bände.

I: Stückvermessung und Nivellieren. 11., verbesserte Auflage. 144 Seiten 117 Figuren. 1962. (468)

II: Horizontalaufnahmen und ebene Rechnungen. 9., verbesserte Auflage. 136 Seiten, 101 Figuren. 1963. (469)

III: Trigonometrische und barometrische Höhenmessung. Tachymetrie und Absteckungen. 8. Auflage. 136 Seiten, 97 Figuren. 1964. (862)

Kartographie von *V. Heissler*. 213 Seiten, 125 Abbildungen, 8 Anlagen. 1962. (30/30a)

Photogrammetrie von *G. Lehmann*. 189 Seiten, 132 Abbildungen. 1959. (1188/1188a)

Hoch- und Tiefbau

Die wichtigsten Baustoffe des Hoch- und Tiefbaus von *O. Graf †*. 4., verbesserte Auflage. 131 Seiten, 63 Abbildungen. 1953. (984)

Baustoffverarbeitung und Baustellenprüfung des Betons von *A. Kleinlogel*. 2., neubearbeitete und erweiterte Auflage. 126 Seiten, 35 Abbildungen. 1951. (978)

Festigkeitslehre. 2 Bände.

I: Elastizität, Plastizität und Festigkeit der Baustoffe und Bauteile von *W. Gehler †* und *W. Herberg*. Durchgesehener und erweiterter Neudruck. 159 Seiten, 118 Abbildungen. 1952. (1144)

II: Formänderung, Platten, Stabilität und Bruchhypothesen von *W. Herberg* und *N. Dimitrov*. 187 Seiten, 94 Abbildungen. 1955. (1145/1145a)

Grundlagen des Stahlbetonbaus von *A. Troche*. 2., neubearbeitete und erweiterte Auflage. 208 Seiten, 75 Abbildungen, 17 Bemessungstafeln, 20 Rechenbeispiele. 1953. (1078)

Statik der Baukonstruktionen von *A. Teichmann*. 3 Bände.

I: Grundlagen. 101 Seiten, 51 Abbildungen, 8 Formeltafeln. 1956. (119)

II: Statisch bestimmte Stabwerke. 107 Seiten, 52 Abbildungen, 7 Tafeln. 1957. (120)

III: Statisch unbestimmte Systeme. 112 Seiten, 34 Abbildungen, 7 Formeltafeln. 1958. (122)

Fenster, Türen, Tore aus Holz und Metall. Eine Anleitung zu ihrer guten Gestaltung, wirtschaftlichen Bemessung und handwerksgerechten Konstruktion von *W. Wickop †*. 4., überarbeitete und ergänzte Auflage. 155 Seiten, 95 Abbildungen. 1955. (1092)

Heizung und Lüftung von *W. Körting*. 2 Bände. 9., neubearbeitete Auflage.
I: Das Wesen und die Berechnung der Heizungs- und Lüftungsanlagen. 171 Seiten, 29 Abbildungen, 36 Zahlentafeln. 1962. (342/342a)
II: Die Ausführung der Heizungs- und Lüftungsanlagen. 1964. In Vorbereitung. (343)

Industrielle Kraft- und Wärmewirtschaft von *F. A. F. Schmidt* und *A. Beckers*. 167 Seiten, 73 Abbildungen. 1957. (318/318a)

Weitere Sonderverzeichnisse aller
Wissensgebiete und Einzelprospekte,
sowie die Verlagskataloge
aus dem Verlag
WALTER DE GRUYTER & CO.
erhalten Sie jederzeit
bei Ihrem Buchhändler.

Sammlung Göschen / Bandnummernfolge

1 Langosch, Der Nibelunge Nôt
3/3a v. Ende, Maschinenelemente
10 Jiriczek-Wisniewski, Kudrun- und Dietrich-Epen
13 Lotze, Geologie
18 Maurer, Hartmann von Aue. Der arme Heinrich
19 Altheim, Römische Geschichte I
20 Hofstaetter, Dt. Sprachlehre
22 Maurer, Gottfried von Strassburg
29/29a Brauns-Chudoba, Allgemeine Mineralogie
30/30a Heissler, Kartographie
31/31a Brauns-Chudoba, Spezielle Mineralogie
32 Schneider-Wisniewski, Deutsche Heldensage
35 Treue, Dt. Geschichte von 1648—1740
37/37a Klemm, Anorganische Chemie
38/38a Schlenk, Organische Chemie
39 Treue, Dt. Geschichte von 1713—1806
42 Behn-Hoernes, Vorgeschichte Europas
44 Kresze, Physikalische Methoden in der Organischen Chemie I
45/45a Kresze, Physikalische Methoden in der Organischen Chemie II
47 Fischer-Rohrbach, Arithmetik
51/51a Ringleb, Mathem. Formelsammlung
52 Bieler Röm. Literaturgesch. I
59 Krahe, Indog. Sprachwiss. I
60 Biehle, Stimmkunde
61 Biele, Redetechnik
64 Krahe, Indog. Sprachwiss. II
65/65a Grotemeyer, Analyt. Geometrie
66 Berneker-Vasmer, Russische Grammatik
70 Nestle-Liebich, Gesch. d. griechischen Literatur I
71 Schulze, Allgemeine und physikalische Chemie I
76 Döring, Einf. i. d. th. Physik I
77 Döring, Einf. i. d. th. Physik II
78 Döring, Einf. i. d. th. Physik III
79/79a Hempel, Got. Elementarbuch
80 Weigert, Stilkunde I
81 Schubert-Haussner-Erlebach, Vierstell. Logarithmentafeln
86 Barner, Differential- u. Integralrechnung I
96 Hartmann, Einf. in die allgem. Biologie
99 Hessenberg-Kneser, Ebene und sphär. Trigonometrie
101 v. Wiese, Soziologie
103 Dahrendorf, Industrie- und Betriebssoziologie
104/104a Hofstätter, Sozialpsychologie
111 Hoffmann-Debrunner, Gesch. der griechischen Sprache I
114 Debrunner, Gesch. der griechischen Sprache II
117 Brandenstein, Griechische Sprachwissenschaft I
118/118a Brandenstein, Griechische Sprachwissenschaft II
119 Teichmann, Statik der Baukonstruktionen I
120 Teichmann, Statik der Baukonstruktionen II
122 Teichmann, Statik der Baukonstruktionen III

128/128a Lausberg, Romanische Sprachwissenschaft I
136 Mahler-Graewe, Physikal. Formelsammlung
141 Geitler, Morphologie der Pflanzen
142 Haack, Darst. Geometrie I
143 Haack, Darst. Geometrie II
144 Haack, Darst. Geometrie III
145 Weimer, Gesch. der Pädagogik
148 Kolms, Finanzwissenschaft I
156/156a Landmann, Philosophische Anthropologie
170 Oehlmann, Musik des 19. Jhs.
171/171a Oehlmann, Musik des 20. Jhs.
173 Bruhns-Ramdohr, Petrographie
174 Schlingloff, Religion des Buddhismus I
180 Böhm, Versicherungsmathematik I
184 Blümcke, Textilindustrie I
196/196a Mohr, Grundlagen der allgem. Elektrotechnik
200/200a Gottschald, Dt. Rechtschreibungswörterbuch
210 Bruhns-Ramdohr, Kristallographie
220/220a Moser, Allg. Musiklehre
221/221a Jander-Jahr-Knoll, Maßanalyse
222 Hassak-Beutel-Kutzelnigg, Warenkunde I
223 Hassak-Beutel-Kutzelnigg, Warenkunde II
226/226a Hofmann, Gesch. der Mathematik I
228 Vogel, Landw. Tierzucht
231/231a Ehrlich, Gesch. Israels
238 Krahe, Germ. Sprachwiss. I
243 Mahler-Graewe, Physikal. Aufgabensammlung
247/247a Hofmann-Jander, Qualitative Analyse
250 Lausberg, Romanische Sprachwissenschaft II
252 Vetter, Elektrochemie I
253 Vetter, Elektrochemie II
257 Humburg, Gleichstrommaschine I
264 Lockemann, Gesch. der Chemie I
265/265a Lockemann, Geschichte der Chemie II
270 Kirn, Einführung in die Geschichtswissenschaft
274 Zietemann, Dampfturbinen I
279 Jacob-Hohenleutner, Quellenkunde der deutschen Geschichte I
280 Jacob-Hohenleutner, Quellenkunde der deutschen Geschichte II
281 Leisegang, Einführung in die Philosophie
282 Haltenorth, Säugetiere
284 Jacob-Weden, Quellenkunde der deutschen Geschichte III
318/318a Schmidt-Beckers, Industrielle Kraft- u. Wärmewirtschaft
319 Krug, Australien und Ozeanien
329 Scharrer, Agrikulturchemie I
330/330a Scharrer, Agrikulturchemie II
335 Klug, Fette und Öle
336 Braun-Klug, Seifenfabrikation
342/342a Körting, Heizung und Lüftung I
343 Körting, Heizung und Lüftung II
344 Moser, Musikästhetik
354/354a Valentiner-König, Vektoren und Matrizen
355 Neger-Münch-Huber, Nadelhölzer
356 Lüdemann, Fische
374 Döring, Einführung in die theoret. Physik IV
375 Preller, Geschichte Englands I
389/389a Diels-Mattick, Pflanzengeographie
391 Kolms, Finanzwissenschaft II
394/394a Schilling, Von der Renaissance bis Kant
414/414a Tafel, Hebezeuge
422 Gottschald, Dt. Personennamen
423 Adler-Erlebach, Fünfstellige Logarithmen
432 Borchers, Metallkunde I
433/433a Borchers, Metallkunde II

434 Borchers-Hanke, Metallkunde III
435 Burau, Algebr. Kurven u. Flächen I
436/436a Burau, Algebr. Kurven und Flächen II
439 Jaeckel, Würmer
440 Jaeckel, Weichtiere
441 Jaeckel, Stachelhäuter
442 Hannemann, Schwämme und Hohltiere
443 Gruner-Deckert, Krebse
444 Reichenow, Einzeller
445 Asmus, Physikal.-chem. Rechenaufgaben
447/447a Herter, Kriechtiere
448 Haltenorth, Manteltiere
452 Bahrdt-Scheer, Stöchiometrische Aufgabensammlung
468 Großmann, Vermessungskunde I
469 Großmann, Vermessungskunde II
476 Thum-Meysenbug, Die Werkstoffe des Maschinenbaues I
483 Henglein, Lötrohrprobierkunde
492 Stolz-Debrunner, Geschichte der lateinischen Sprache
499 Niese-Küchler, Autogenes Schweißen
500 Simmel, Hauptprobleme der Philosophie
536 Lehmann, Kant
538 Rumpf, Archäologie I
539 Rumpf, Archäologie II
540 Rumpf, Archäologie III
557 Nestle-Liebich, Gesch. der griech. Literatur II
561 Matthes, Werkzeugmaschinen I
562 Matthes, Werkzeugmaschinen II
564 Behn-Hoernes, Kultur der Urzeit I
565 Behn-Hoernes, Kultur der Urzeit II
566 Behn-Hoernes, Kultur der Urzeit III
571 Lehmann, Philosophie des 19. Jahrhunderts I
576/576a Moser, Gesangskunst
579 Müller-Schulze, Techn. Tabellen
580/580a Sedlaczek-Fischer-Buch, Walzwerke
583/583a Engel, Maschinen der Eisenhüttenwerke
584/584a Müller, Kinematik
585 Dehnert, Verkehrswasserbau I
587 Kalitsunakis-Steinmetz, Neugriech.-dt. Gesprächsbuch
589 Tochtermann, Maschinenzeichnen I
590 Tochtermann, Maschinenzeichnen II
594 v. Lengerken, Insekten
597 Dehnert, Verkehrswasserbau II
601 Mutschmann-Scherer, Engl. Phonetik
619/619a Buchwald, Kristalloptik
665 Ludin-Borkenstein, Wasserkraftanlagen I
666/666a Ludin-Borkenstein, Wasserkraftanlagen II
668 Knopp, Funktionentheorie I
677 Altheim, Röm. Geschichte II
679 Altheim, Röm. Geschichte III
684 Altheim, Röm. Geschichte IV
691 Fauser, Kulturtechn. Bodenverbesserungen I
692 Fauser, Kulturtechn. Bodenverbesserungen II
698/698a Schulze, Allgemeine u. physikalische Chemie II
703 Knopp, Funktionentheorie II
709 Lehmann, Philosophie des 19. Jahrhunderts II
711 Kesselring, Berechnung der Schaltgeräte
714/714a zur Megede, Technik selbsttätiger Regelungen
715 Zietemann, Dampfturbinen II
716 Zietemann, Dampfturbinen III
718 Neger-Münch-Huber, Laubhölzer
728/728a Pirani-Fischer-Runge, Graph. Darstellung in Wissenschaft u. Technik
735 Ekwall, Historische neuengl. Laut- und Formenlehre

746/746a Pfanzagl, Allg. Methodenlehre der Statistik I
747/747a Pfanzagl, Allg. Methodenlehre der Statistik II
756/756a Kalitsunakis, Gramm. d. Neugriech. Volksspr.
763/763a Beer-Meyer, Hebräische Grammatik I
764/764a Beer-Meyer, Hebräische Grammatik II
768/768a Bieberbach, Einführung in die konforme Abbildung
769/769a Beer-Meyer, Hebräisches Textbuch
770 Schlingloff, Religion des Buddhismus II
776 Kolms, Finanzwissensch. III
780 Krahe, Germ. Sprachwiss. II
781 Weigert, Stilkunde II
782 Kolms, Finanzwissensch. IV
786 Schulze, Molekulbau
796/796a Meiners-Wiesenewsky, Elektr. Höchstspannungs-Schaltanlagen
807 Kropp, Erkenntnistheorie
809 Moser, Harmonielehre I
810 Moser, Harmonielehre II
826 Koch, Philosophie d. Mittelalters
827 Schwaiger, Elektromotorische Antriebe
831 Erismann, Allg. Psychologie I
832/382a Erismann, Allg. Psychologie II
833 Erismann, Allg. Psychologie III
834/834a Erismann, Allg. Psychologie IV
837 Baumgartner, Gruppentheorie
845 Lehmann, Philosophie im ersten Drittel des 20. Jhs. I
847 Herter, Lurche
850 Lehmann, Philosophie im ersten Drittel des 20. Jhs. II
851/851a Moede, Psychologie des Berufs- und Wirtschaftslebens
857 Capelle, Griech. Philosophie I
858 Capelle, Griech. Philos. II
859 Capelle, Griech. Philos. III
862 Großmann, Vermessungskunde III
863 Capelle, Griech. Philos. IV
866 Bieler, Röm. Literaturgeschichte II
869 Freye, Vögel
875 Hofmann, Geschichte der Mathematik II
877 Knopp, Aufgabensammlung zur Funktionentheorie I
878 Knopp, Aufgabensammlung zur Funktionentheorie II
881 Humburg, Gleichstrommaschine II
882 Hofmann, Geschichte der Mathematik III
883 Stuloff, Mathematik der neuesten Zeit
893 Treue, Dt. Geschichte von 1806—1890
894 Treue, Dt. Geschichte von 1890 bis zur Gegenwart
902 Müller, Dynamik I
903 Müller, Dynamik II
910 Jaeger, Afrika I
911 Jaeger Afrika II
915 Sperber-Fleischhauer, Gesch. der Deutschen Sprache
917/917a Böhm, Versicherungsmathematik II
920 Hoheisel, Gewöhnliche Differentialgleichungen
921 Jantzen-Kolb, W. v. Eschenbach. Parzival
929 Schirmer-Mitzka, Dt. Wortkunde
930 Krull, Elementare und klassische Algebra I
931 Hasse, Höhere Algebra I
932 Hasse, Höhere Algebra II
933 Krull, Elementare und klassische Algebra II
936 Thum-Meysenbug, Werkstoffe d. Maschinenbaues II
952 Schäfer, Transformatoren
953 Zipperer, Techn. Schwingungslehre I
961/961a Zipperer, Techn. Schwingungslehre II
965 Dehnert, Wehr- und Stauanlagen
970 Baldus-Löbell, Nichteuklidische Geometrie

978 Kleinlogel, Baustoffverarbeitung und Baustellenprüfung d. Betons
984 Graf, Baustoffe des Hoch- und Tiefbaues
999/999a Kamke, Mengenlehre
1000 Jaspers, Geistige Situat. der Zeit
1003 Hoheisel, Partielle Differentialgleichung
1008/1008a Mellerowicz, Allgem. Betriebswirtschaftslehre I
1009 Bechert-Gerthsen-Flammersfeld, Atomphysik I
1014 Huttenlocher, Mineral- und Erzlagerstättenkunde I
1015/1015a Huttenlocher, Mineral- u. Erzlagerstättenkunde II
1017 Döring, Einführung in die theoret. Physik V
1020 Niese-Dienst, Elektrische Schweißverfahren
1031/1031a Apel-Ludz, Philosophisches Wörterbuch
1033 Bechert-Gerthsen-Flammersfeld, Atomphysik II
1034 Kranefeldt-Jung, Therapeutische Psychologie
1035 Altheim, Röm. Religionsgeschichte I
1039 Dovifat, Zeitungslehre I
1040 Dovifat, Zeitungslehre II
1044 Tölke, Talsperren
1045 Schubert, Technik des Klavierspiels
1051/1051a Stolberg-Wernigerode, Gesch. d. Vereinigten Staaten
1052 Altheim, Röm. Religionsgeschichte II
1057 Roth, Thermochemie
1059/1059a Hoheisel, Aufgabenslg. z. d. gew. u. part. Differentialgl.
1061 Grodzinski-Lechner, Getriebelehre I
1062 Grodzinski-Lechner, Getriebelehre II
1065 Haller-Dannenbauer, Von d. Karolingern zu den Staufern
1070 Sauter, Differentialgleichungen der Physik
1074 Koschmieder, Variationsrechnung I
1075 Koschmieder, Variationsrechnung II
1076/1076a Endres, Verbrennungsmotoren I
1077 Haller-Dannenbauer, Von den Staufern zu den Habsburgern
1078 Troche, Stahlbetonbau
1082 Hasse-Klobe, Aufgabensammlung zur höheren Algebra
1085 Lietzmann-Aland, Zeitrechnung
1086 Müller, Dt. Dichten und Denken
1088 Preller, Gesch. Englands II
1092 Wickop, Fenster, Türen, Tore
1094 Hernried, System. Modulation
1096 Viëtor, Dt. Dichten und Denken
1099 Hoheisel, Integralgleichungen
1105 Hartung, Dt. Geschichte im Zeitalter der Reformation
1108 de Boor-Wisniewski, Mittelhochdeutsche Grammatik
1109 Knopp, Elemente der Funktionentheorie
1111/1111a Naumann-Betz, Althochdt. Elementarbuch
1113/1113a Strubecker, Differentialgeometrie I
1114 Schubel, Engl. Literaturgeschichte I
1115 Ranke, Altnord. Elementarbuch
1116 Schubel, Engl. Literaturgeschichte II
1117 Haller-Dannenbauer, Eintritt der Germanen in die Geschichte
1121 Naumann, Dt. Dichten u. Denken
1122 Feist, Sprechen und Sprachpflege
1123/1123a Bechert-Gerthsen-Flammersfeld, Atomphysik III

1124 Schubel, Engl. Literaturgeschichte III
1125 Lehnert, Altengl. Elementarbuch
1127 Hartmann, Geschlecht u. Geschlechtsbestimmung im Tier- und Pflanzenreich
1128 Buchner, Symbiose der Tiere
1130 Dibelius-Kümmel, Jesus
1131 Scholz-Schoeneberg, Einführung in die Zahlentheorie
1132 Frühauf, Überspannungen
1134 Kuckuck, Pflanzenzüchtung I
1135 Lehnert, Beowulf
1137 Heil, Entwicklungsgesch. d. Pflanzenreiches
1138 Hämmerling, Fortpflanzung im Tier- und Pflanzenreich
1140 Unger, Induktionsmaschine
1141 Koller, Hormone
1142 Meissner-Lehnert, Shakespeare
1144 Gehler-Herberg, Festigkeitslehre I
1145/1145a Herberg-Dimitrov, Festigkeitslehre II
1146 Putz, Synchronmaschine
1147 v. Waltershausen, Kunst d. Dirigierens
1148 Pepping, Der polyphone Satz I
1152 Dehnert, Verkehrswasserbau III
1153/1153a Mellerowicz, Allgem. Betriebswirtschaftslehre II
1154/1154a Mellerowicz, Allgem. Betriebswirtschaftslehre III
1155 Schwartz, Mikrobiologie I
1156/1156a Meinke, Komplexe Berechnungen v. Wechselstromschaltungen
1157 Schwartz, Mikrobiologie II
1158 Mayrhofer, Sanskrit-Grammatik
1159 Jungbluth, Gießereitechnik I
1160 Dibelius-Kümmel, Paulus
1161 Kaestner, Spinnentiere
1162 Seidel, Entwicklungsphysiologie der Tiere I
1163 Seidel, Entwicklungsphysiologie der Tiere II
1164/1164a Pepping, Der polyphone Satz II
1165/1165a Bechert-Gerthsen-Flammersfeld, Atomphysik IV
1169 Paulsen, Allgemeine Volkswirtschaftslehre I
1170 Paulsen, Allgemeine Volkswirtschaftslehre II
1171 Paulsen, Allgemeine Volkswirtschaftslehre III
1172 Paulsen, Allgemeine Volkswirtschaftslehre IV
1173 Hamann-Funke-Hermann, Chemie der Kunststoffe
1176/1176a Lorenzen, Form. Logik
1178/1178a Kuckuck, Pflanzenzüchtung II
1179/1179a Strubecker, Differentialgeometrie II
1180/1180a Strubecker, Differentialgeometrie III
1181 Franz, Topologie I
1182 Franz, Topologie II
1183/1183a Nicolas, Finanzmathematik
1184 Endres, Verbrennungsmotoren II
1185 Endres, Verbrennungsmotoren III
1186/1186a Mellerowicz, Allgem. Betriebswirtschaftslehre IV
1187 Lau, Luther
1188/1188a Lehmann, Photogrammetrie
1189/1189a Päsler, Mechanik
1190 Stupperich, Melanchthon
1191/1191a Bräuer, Slav. Sprachwissenschaft I
1193 Fürstenberg, Wirtschaftssoziologie
1194 Wendt, Gesch. d. Volkswirtschaftslehre
1195 Ohm, Allgem. Volkswirtschaftspolitik I
1196 Ohm, Allgem. Volkswirtschaftspolitik
1197/1197a Onasch, Einf. in die Konfessionskunde der orthodoxen Kirchen
1198 Engel, Straßenverkehrstechnik

1199 Lausberg, Romanische Sprachwissenschaft III, 1. Teil

1200/1200a Lausberg, Romanische Sprachwissenschaft III, 2. Teil

1201/1201a Dehn, Versuche zur allgem. u. phys. Chemie

1202/1202a Nagel, Gesch. des christl. Gottesdienstes

1203 Wendland, Sozialethik

1204 Scheurig, Zeitgeschichte

1205/1205a Hofmann, Ideengeschichte d. soz. Bewegung

1206/1206a Langen, Lineare Programmierung

1207 Philipsborn, Erzkunde

1208 Lausberg, Romanische Sprachwissenschaft IV

1209/1209a Bock, Therm. Verfahrenstechnik I

1210/1210a Bock Therm. Verfahrenstechnik II

1211/1211a Bock, Therm. Verfahrenstechnik III

1212/1212a Hilf, Arbeitswissenschaft

1213 Kosiol, Buchhaltung und Bilanz

1216 Bauer, Wahrscheinlichkeitstheorie I

1217 Bauer, Wahrscheinlichkeitstheorie II

1218 Brandenstein, Griechische Sprachwissenschaft III

Autorenregister

120 / I / 64

MIX
Papier | Fördert
gute Waldnutzung
FSC® C083411

Zeitfracht Medien GmbH
Ferdinand-Jühlke-Straße 7
99095 Erfurt, Deutschland
produktsicherheit@kolibri360.de